"十二五"国家计算机技能型紧缺人才培养培训教材

教育部职业教育与成人教育司
全国职业教育与成人教育教学用书行业规划教材

中文版

Indesign
CC 实例教程

李 凤／编著

133个基础实例 ＋ 14个综合项目 ＋ 20个课后训练 ＋ 175个视频文件

■ **专家编写**
本书由资深图文排版专家结合多年工作经验精心编写而成

■ **灵活实用**
范例经典、项目实用，步骤清晰、内容丰富、循序渐进，实用性和指导性强

■ **光盘教学**
随书光盘包括**175个**视频教学文件、素材文件和范例源文件

海洋出版社
2014年·北京

内 容 简 介

本书是以基础实例训练和综合项目应用相结合的教学方式介绍专业排版软件 Indesign CC 的使用方法和技巧的教程。本书语言平实，内容丰富、专业，并采用了由浅入深、图文并茂的叙述方式，从最基本的技能和知识点开始，辅以大量的上机实例作为导引，帮助读者在较短时间内轻松掌握中文版 Indesign CC 的基本知识与操作技能，并做到活学活用。

本书内容：全书共分为 14 章，着重介绍了 Indesign CC 的基本编辑方法、文本与段落的编辑、表格的创建与导入、颜色与效果的应用、样式的创建与应用、图文处理与图层应用、长文档编排和印前检查设置等内容，并通过"杂志内页广告"、"游乐园宣传海报"、"培训学校 DM 广告单"、"旅游景点推广展板"和"工程项目勘察报告" 5 个综合项目的制作过程，全面系统地介绍了使用 Indesign CC 进行图文排版的技巧。

本书特点： 1. 基础案例讲解与综合项目训练紧密结合贯穿全书，边讲解边操练，学习轻松，上手容易。2.注重学生动手能力和实际应用能力培养的同时，书中还配有大量基础知识介绍和操作技巧说明，加强学生的知识积累。3. 实例典型、任务明确，由浅入深、循序渐进、系统全面，为职业院校和培训班量身打造。4. 每章后都配有练习题，利于巩固所学知识和创新。5. 书中实例收录于光盘中，采用视频讲解的方式，一目了然，学习更轻松！

适用范围：适用于全国职业院校 Indesign 图文排版专业课教材，社会 Indesign 图文排版培训班教材，也可作为广大初、中级读者实用的自学指导书。

图书在版编目（CIP）数据

中文版 Indesign CC 实例教程/李凤编著. —北京：海洋出版社，2014.8

ISBN 978-7-5027-8902-2

Ⅰ.①中… Ⅱ.①李… Ⅲ.①电子排版－应用软件—教材 Ⅳ.①TS803.23

中国版本图书馆 CIP 数据核字（2014）第 132136 号

总　策　划：刘　斌
责任编辑：刘　斌
责任校对：肖新民
责任印制：赵麟苏
排　　版：海洋计算机图书输出中心　申彪

出版发行 海洋出版社

地　　　址：北京市海淀区大慧寺路 8 号（716 房间）
　　　　　　100081
经　　销：新华书店
技术支持：（010）62100055

发 行 部：（010）62174379（传真）（010）62132549
　　　　　（010）68038093（邮购）（010）62100077
网　　址：www.oceanpress.com.cn
承　　印：北京华正印刷有限公司
版　　次：2014 年 8 月第 1 版
　　　　　2014 年 8 月第 1 次印刷
开　　本：787mm×1092mm　1/16
印　　张：18.75
字　　数：450 千字
印　　数：1～4000 册
定　　价：38.00 元（含 1DVD）

本书如有印、装质量问题可与发行部调换

Indesign CC是一款定位于专业排版领域的设计软件，不仅具备强大的排版、输出功能，还具备了文字处理、图形处理和图像处理的能力。同时，由于Indesign由Adobe公司开发，因此它与Illustrator、Photoshop等Adobe的其他产品具有更好的兼容性，是目前广受用户青睐的排版制作与设计软件。本书在合理运用各种排版功能的基础上，通过全新的写作方式，让用户在轻松的环境中学习Indesign CC专业排版设计软件的各种操作方法和技巧，能够在短时间内极大地提高编排设计的水平，并制作出满意的各种作品。

本书以由浅入深、循序渐进的方式，通过全实例的写作风格，详细讲解了Indesign CC的各种使用方法，全书共分为14章，具体内容介绍如下：

第1章：介绍了Indesign CC的基本操作，包括文档的新建、打开、保存和关闭，自定义功能菜单，参考线和标尺的使用等内容；

第2章：介绍了文本与段落的各种基本编辑方法，包括文本框的创建及编辑、文本与段落的输入、字体与段落的各种设置等内容；

第3章：介绍了表格的创建、导入，单元格的样式、颜色，表头和表尾的设置等内容；

第4章：介绍了图形图像的基本绘制和编辑方法，包括绘制图形、建立复合路径、图像的处理和编辑等内容；

第5章：介绍了颜色与效果的应用，包括色板的创建、管理及应用，描边的控制及应用，各种效果的处理等内容；

第6章：介绍了样式的创建和应用、样式的编辑以及样式组的管理等内容；

第7章：介绍了图文的处理与图层的应用，包括路径文字工具的使用、文本绕排、图形框架的新建、填色，剪切路径，图层的复制、合并、删除和新建等内容；

第8章：介绍了长文档编排方法，包括页面的插入和删除，创建与设置主页，创建目录、索引、书签、超链接，查找与更改的使用等内容；

第9章：介绍了印前检查设置，陷印预设，导出PDF文件，打印预设及打包Indesign等内容；

第10章：通过"杂志内页广告"的制作，重点学习并巩固了渐变工具的使用、文本的处理、图像的翻转及效果应用、段落样式的应用等知识；

第11章：通过"游乐园宣传海报"的制作，重点学习并巩固文本的字体字号变化、文本颜色的设置、文本效果的应用、文本框的填色和圆角处理等知识；

第12章：通过"培训学校DM广告单"的制作，重点学习并巩固图形的使用及填色和描边、路径文字工具的使用、表格的创建及各种设置等知识；

第13章：通过"旅游景点推广展板"的制作，重点学习并巩固复合字体的建立、段落样式的应用、文本框架的使用、串联文本和文本绕排的应用、图形描边的斜接处理、首字下沉等知识；

第14章：通过"工程项目勘察报告"的制作，重点学习并巩固段落样式的应用、主页的编辑和应用、目录的创建、制表符的应用、页码的设置等知识。

本书由李凤编著，参加编写、校对、排版的人员还有李静、陈锐、曾秋悦、刘毅、邓曦、陈林庆、胡凯、林俊、郭健、程茜、张黎鸣、王照军、邓兆煊、李辉、张海珂、冯超、黄碧霞、王诗闽、余慧娟、熊怡、蒋志远、郭晓峰、熊春等。

在此感谢购买本书的读者，虽然编者在编写本书的过程中倾注了大量心血，但恐百密之中仍有疏漏，恳请广大读者及专家不吝赐教。衷心希望您在本书的帮助下，能够全面且熟练地使用Indesign CC进行排版设计，制作出满意的效果文件。

编　者

Contents
目录

第1章 Indesign CC的基本操作

第2章 文本与段落的使用

第3章 表格的创建与编辑

第4章 图形的绘制与图像的编辑

第5章 颜色与效果的应用

第6章 样式的应用

第7章 图文处理与图层的应用

第8章 长文档编排

第9章 打印输出

第10章 制作杂志内页广告   227

第11章 制作游乐园宣传海报   237

第12章 制作培训学校DM广告单   251

第13章 制作旅游景点推广展板   269

第14章 制作工程项目勘察报告   282

第1章
Indesign CC的
基本操作

　　Adobe Indesign CC是一款专业排版与设计软件，广泛应用于出版、印刷、广告等领域，可轻松完成书籍排版、装帧设计、宣传品制作、广告设计与制作等工作。本章将介绍Adobe Indesign CC的基本操作，包括文档的新建、打开、保存和关闭，自定义功能菜单，参考线和标尺的使用等内容，为后面的学习打下良好的基础。

Example 实例 001 新建文档

新建文档是使用Indesign CC不可避免的操作，也是需要掌握的最基本技能之一。新建文档主要涉及对文档页数、页面大小、出血信息，以及边距和分栏的具体设置。尤其对于新建某种专业产品的文档而言，尺寸和布局的建立就显得更为重要。

素材文件	无
效果文件	无
动画演示	动画\第1章\001.swf

下面以新建空白文档，并设置页面的大小和方向为例，介绍具体的文档新建方法，其操作步骤如下。

01 成功安装Indesign CC后，双击桌面上的快捷启动图标 即可启动该软件，然后选择【文件】/【新建】/【文档】菜单命令，或按【Ctrl+N】组合键，如图1-1所示。

02 打开"新建文档"对话框，在"页面大小"下拉列表框中选择"A4"选项，在"页面方向"栏中单击"纵向"按钮 ，单击 边距和分栏... 按钮，如图1-2所示。

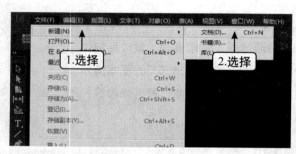

图1-1　新建文档

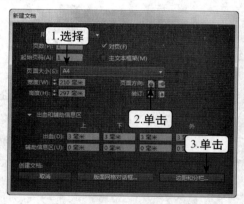

图1-2　设置页面大小和方向

03 打开"新建边距和分栏"对话框，在"边距"栏的"上"、"下"、"内"、"外"数值框中均输入"20毫米"，如图1-3所示，单击 确定 按钮即可新建指定大小和边距的空白文档。

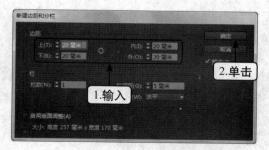

图1-3　设置边距

专家课堂

快速新建相同文档

按【Ctrl+Alt+N】组合键可以根据上次新建文档时设置的参数创建新的文档，即新建的文档所有版面特征将和最近一次建立的文档相同。

Example 实例 002 保存文档

对文档进行存储操作可以保护文档数据不会意外丢失。存储文档时可以将当前版面的所有属性，包括已编辑的文字、图片、版面大小等元素全部保存下来。

素材文件	无
效果文件	效果\第1章\我的文档.indd
动画演示	动画\第1章\002.swf

下面通过新建文档，并将该文档保存为例，介绍新建文档时设置出血的方法和正确保存Indesign文档，其操作步骤如下。

01 启动Indesign CC后，按【Ctrl+N】组合键打开"新建文档"对话框。

02 单击"出血和辅助信息区"栏左侧的"展开"按钮 ▶ 展开该栏，单击"出血"栏右侧的"锁定"按钮 🔒，使其变为解锁状态 🔓，在"出血"栏的"上"、"下"、"内"、"外"数值框中分别输入"2"、"2"、"3"、"3"，单击 边距和分栏... 按钮，如图1-4所示。

专家课堂

认识"出血"

出血是文档在印刷或者打印完成后需要裁剪的空白部分。所有裁剪工作都不可能做到沿着文档边缘，分毫不差地把文档裁剪出来，所以需要设置出血为文档边缘留有一定空白处，以避免裁剪时损坏文档。

03 打开"新建边距和分栏"对话框，单击 确定 按钮，如图1-5所示。

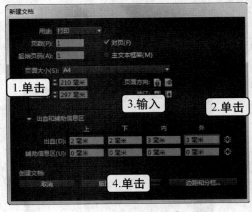

图1-4 设置出血量

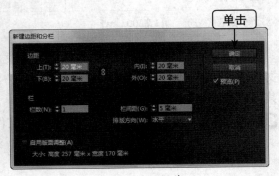

图1-5 确认操作

04 新建文档后，选择【文件】/【存储】菜单命令，如图1-6所示。

05 打开"存储为"对话框，在"路径"下拉列表框中设置文档的保存位置，在"文件名"下拉列表框中输入"我的文档"，单击 保存(S) 按钮即可，如图1-7所示。

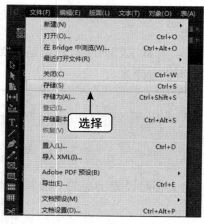

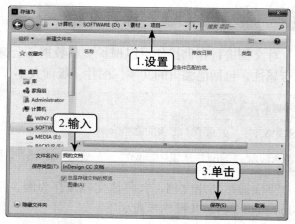

图1-6 存储文档　　　　　　图1-7 设置保存位置和名称

 专家课堂

Indesign CC的自动恢复功能

在使用Indesign CC软件时，由于某种意外情况（如断电、死机等）未能及时存储文档，在下一次打开Indesign CC软件时会打开提示对话框，提醒用户可恢复上一次未及时保存的文档。不过即便如此，建议使用Indesign CC时也应养成手动定时保存文档的良好习惯。

Example 实例 003 打开与关闭文档

在设计过程中，不管是要继续未完成的作品，还是修改已完成的作品，都需要对要编辑的文档进行打开、关闭等操作。所以熟练掌握文档的打开与关闭方法，同样是使用Indesign CC的基本技能。

素材文件	素材\第1章\我的文档.indd
效果文件	无
动画演示	动画\第1章\003.swf

下面以打开与关闭素材提供的"我的文档"文件的方法为例，介绍打开与关闭文档的方法，其操作步骤如下。

01 在Indesign CC的操作界面中选择【文件】/【打开】菜单命令，或按【Ctrl+O】组合键，如图1-8所示。

02 打开"打开文件"对话框，在"路径"下拉列表框中选择素材文件所在的文件夹，在下方的列表框中选择"我的文档"文件选项，在"打开方式"栏中选择"正常"单选项，单击 打开(O) 按钮，或直接双击"我的文档"

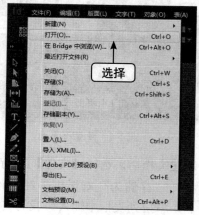

图1-8 打开文档

选项，如图1-9所示。

03 即可打开所选文档，然后选择【文件】/【关闭】菜单命令，或单击"我的文档.indd"
　　选项卡右侧的"关闭"按钮■即可关闭当前文档，如图1-10所示。

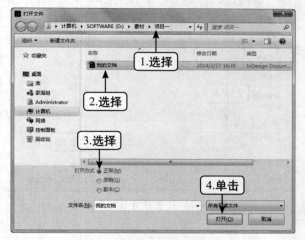

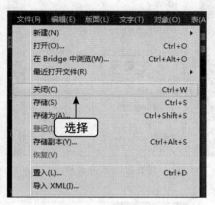

图1-9　选择需打开的文档　　　　　　　　　　　图1-10　关闭文档

 专家课堂

转换旧版Indesign文档

　　Indesign CC可以完美兼容并转换旧版的文档，当打开旧版文档时，文档名称选项卡中会出
现"转换"字样，代表该文档为旧版文档，此时可选择【文件】/【存储】菜单命令，在打开
的"存储为"对话框把当前文档转换为Indesign CC格式的文档。

Example 实例 004 另存文档

　　在实际的设计工作中，想要设计出好的作品，都会反复对作品进行修改。当需要对比
修改前、后两个作品的好坏时，就可以将文档进行另存操作。此外，另存文档也相当于数
据备份，以便当源文档损坏或丢失后有备用文档可使用。

素材文件	素材\第1章\我的文档. indd
效果文件	无
动画演示	动画\第1章\004.swf

　　下面以打开素材提供的"我的文档"文件，然后另存为"新文档"文件为例，介绍文
档的另存方法，其操作步骤如下。

01 在Indesign CC的操作界面中按【Ctrl+O】组合键打开"打开文件"对话框，在"路
　　径"下拉列表框中选择素材文件所在的文件夹，双击"我的文档"文件选项，打开
　　"我的文档"文件。

02 选择【文件】/【存储为】菜单命令，如图1-11所示。

03 打开"存储为"对话框，在"路径"下拉列表框中设置文档的保存位置，在"文件

名"下拉列表框中输入"新文档"，单击 保存(S) 按钮，如图1-12所示。

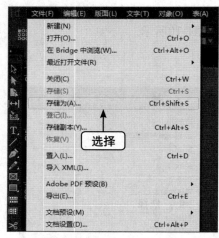 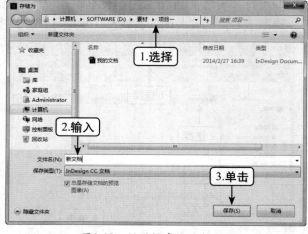

图1-11 另存文档　　　　　　　　　　图1-12 设置保存位置和名称

专家课堂 ▐▌▌▌▌▌▌▌▌▌▌▌▌▌▌▌▌▌▌▌▌▌▌▌▌▌▌▌▌▌▌▌▌▌▌▌▌▌▌▌

避免另存文件时覆盖源文件

在另存文件时，如果将路径和文件名都按源文档设置，则Indesign CC会打开提示对话框，提醒用户此操作将替换源文档，如图1-13所示。因此另存文档时，路径和文件名中建议至少更改一个参数，避免因与源文档相同而出现替换文件的情况。

图1-13 打开的提示对话框

Example 实例 005 标尺的控制

使用Indesign CC编排文档时，标尺是非常重要的参考工具，它能确定每个素材和元素在版面中的具体位置，比如，精确调整图案或文本的位置，图案与图案是否对齐等，另外还能确定版面的中心位置。

素材文件	无
效果文件	无
动画演示	动画\第1章\005.swf

下面介绍标尺的隐藏、显示、改变单位、改变原点的方法，其操作步骤如下。

01 在Indesign CC的操作界面中选择【视图】/【隐藏标尺】菜单命令，可隐藏标尺，如图1-14所示。

⓶ 选择【视图】/【显示标尺】菜单命令，可显示标尺，如图1-15所示。

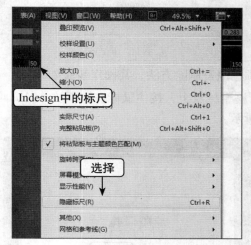

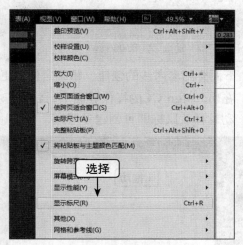

图1-14　隐藏标尺　　　　　　　　　　　图1-15　显示标尺

⓷ 在标尺上单击鼠标右键，在弹出的快捷菜单中选择"厘米"命令，可将标尺的单位从毫米改变为厘米，如图1-16所示。

⓸ 将鼠标指针移到水平和垂直标尺左上角的交界处▓，按住鼠标左键不放并拖动版面，释放鼠标即可改变标尺的原点位置，如图1-17所示。

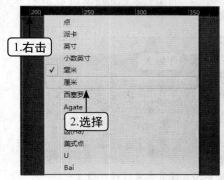

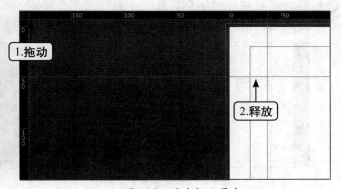

图1-16　改变标尺单位　　　　　　　　图1-17　改变标尺原点

专家课堂

改变原点位置的作用

　　当需要在文档中的某一位置精确计算版面长度和高度时，可将原点移动到该位置，这样标尺将以此位置为起点，从零计算长度和高度，方便以该位置为起点进行排版和布局。

Example 实例 **006 参考线的使用**

　　参考线主要用于对版面的整体布局，有了参考线的辅助，可设计出更加专业、美观的各种文档。正确运用好参考线规划页面布局，是设计出好作品的基础。

素材文件	无
效果文件	无
动画演示	动画\第1章\006.swf

下面介绍参考线的创建、精确定位、更改颜色以及删除方法，其操作步骤如下。

01 在Indesign CC的操作界面中，将鼠标指针移至标尺上，按住鼠标左键不放并向页面拖动，释放鼠标即可创建参考线，如图1-18所示。

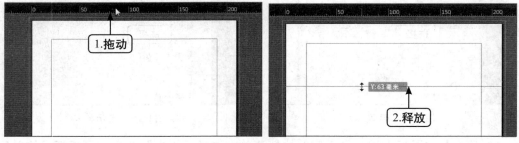

图1-18 创建参考线

02 在参考线上单击鼠标将其选择，然后在其上单击鼠标右键，在弹出的快捷菜单中选择"移动参考线"命令，如图1-19所示。

03 打开"移动"对话框，在"垂直"文本框中输入"30"，单击 确定 按钮，可对参考线进行精确定位，如图1-20所示。

 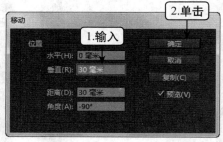

图1-19 移动参考线   图1-20 设置参考线移动位置

04 选择参考线，在其上单击鼠标右键，在弹出的快捷菜单中选择"标尺参考线"命令，如图1-21所示。

05 打开"标尺参考线"对话框，在"颜色"下拉列表框中选择"红色"选项，单击 确定 按钮，即可将参考线颜色改变为红色，如图1-22所示。

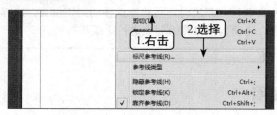 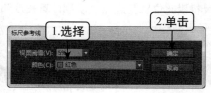

图1-21 选择该命令   图1-22 改变参考线颜色

06 选择参考线，按【Delete】键可从文档中删除该参考线。

参考线的锁定

　　设计过程中，为避免规划好的参考线不小心移动了位置，可将其锁定，方法为：选择【视图】/【网格和参考线】/【锁定参考线】菜单命令，如图1-23所示。

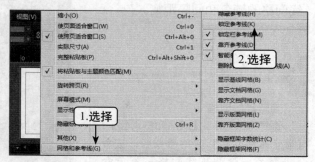

图1-23　锁定参考线

Example 实例 007 设置并显示基线网格

　　Indesign CC的基线网格非常有用，它可以设计出非常规范的文档和作品，基线网格主要根据罗马字基线将多个段落进行对齐，覆盖整个跨页，方便对文本、图片等元素进行布局。

素材文件	无
效果文件	无
动画演示	动画\第1章\007.swf

　　下面以改变基线网格颜色及间隔为例，介绍显示并设置基线网格的方法，其操作步骤如下。

01 在Indesign CC的操作界面中，选择【视图】/【网络和参考线】/【显示基线网格】菜单命令，即可显示基线网格，如图1-24所示。

02 选择【编辑】/【首选项】/【网格】菜单命令，如图1-25所示。

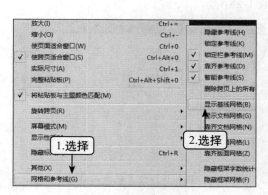

图1-24　显示基线网格

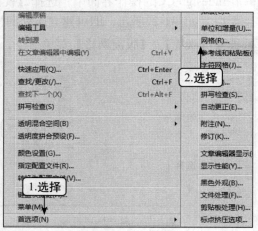

图1-25　设置网格

03 打开"首选项"对话框，在"颜色"下拉列表框中选择"棕色"选项，在"间隔"文本框中输入"50"，单击 确定 按钮，如图1-26所示，即可改变基线网格的颜色和间隔距离。

专家课堂

隐藏基线网格

选择【视图】/【网络和参考线】/【显示基线网格】菜单命令后，该命令将变为"隐藏基线网格"菜单命令，此时选择【视图】/【网络和参考线】/【隐藏基线网格】菜单命令，即可隐藏基线网格。

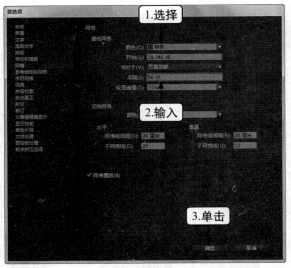

图1-26　改变基线网格颜色和间隔

Example 实例 008 新建版面网格文档

版面网格适用于对象与文本大小的单元格对齐，版面网格可以覆盖多个页面（基线网格只能应用于单个页面），以辅助用户轻松设计出格式化的杂志、报刊等出版物。

素材文件	无
效果文件	效果\第1章\我的版面网格.indd
动画演示	动画\第1章\008.swf

下面以新建一个版面网格并设置其栏数为"3"的文档为例，介绍新建版面网格文档及改变栏数的方法，其操作步骤如下。

01 在Indesign CC的操作界面中，选择【视图】/【网络和参考线】/【显示版面网格】菜单命令，如图1-27所示，即可建立版面网格文档。

02 选择【版面】/【版面网格】菜单命令，如图1-28所示。

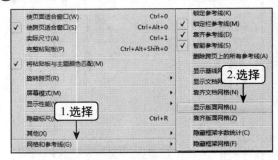

图1-27　显示版面网格

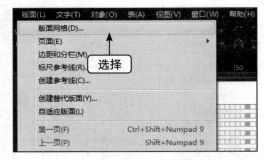

图1-28　设置版面网格

03 打开"版面网格"对话框，在"栏数"数值框中输入"3"，单击 确定 按钮，如图1-29所示，即可新建一个版数为"3"的版面网格文档。

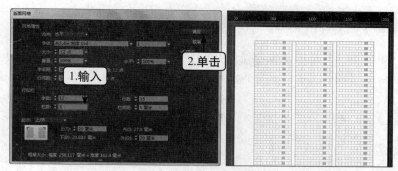

图1-29 创建版面网格文档

专家课堂

版面网格与传统纸页面设计的区别

Indesign CC的版面网格可根据需要自定义版面，包括自定义方向、字体、大小以及字间距等。具体设置均可在"版面网格"对话框中实现。而传统纸页面的设计则无此功能。

Example 实例 009 更改Indesign CC主题颜色

在Indesign CC中可以更改主题颜色，以方便不同用户在自己习惯的界面颜色下进行工作，此外，还可以避免某种菜单命令与当前页面颜色相似而无法看清的情况。

素材文件	无
效果文件	无
动画演示	动画\第1章\009.swf

下面以将Indesign CC默认的"中等深色"改变成"浅色"为例，介绍更改Indesign CC主题颜色的方法，其操作步骤如下。

01 在Indesign CC的操作界面中，选择【编辑】/【首选项】/【界面】菜单命令，如图1-30所示。

02 打开"首选项"对话框，在"颜色主题"下拉列表框中选择"浅色"选项，单击 ▢ 确定 按钮即可，如图1-31所示。

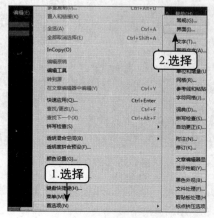

图1-30 界面设置

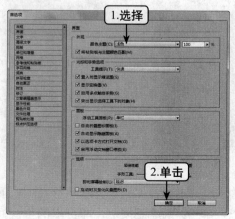

图1-31 更改颜色主题

Example 实例 010 自定义功能菜单

为方便对Indesign CC使用不太熟练的用户快速找出某个功能菜单，Indesign CC允许对其着色以突出显示。同时，对于一些不太常用的功能菜单，为简化菜单命令，Indesign CC也允许将其隐藏。

素材文件	无
效果文件	无
动画演示	动画\第1章\010.swf

下面以更改"新建"菜单命令为红色，并隐藏"在Bridge中浏览"菜单命令为例，介绍自定义功能菜单的方法，其操作步骤如下。

01 在Indesign CC的操作界面中，选择【编辑】/【菜单】菜单命令，如图1-32所示。

02 打开"菜单自定义"对话框，在"应用程序菜单命令"栏中单击"文件"选项左侧的三角形标记▶展开列表，如图1-33所示。

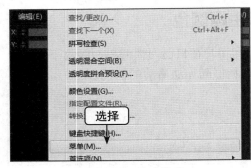

图1-32 设置菜单

图1-33 展开列表

03 选择"颜色"栏"新建"选项对应的"无"选项，如图1-34所示。

04 在"无"下拉列表框中选择"红色"选项，如图1-35所示。

图1-34 设置颜色

图1-35 更改颜色

05 单击"可视性"栏中"在Bridge中浏览"选项对应的"眼睛"标记👁，使其变为■状态，单击 确定 按钮，即可取消可视性，如图1-36所示。

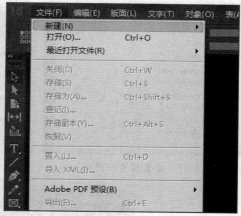

图1-36 取消可视性

 专家课堂 ||||||||||||||||||||||||||||||||||||||||||||||||||||||||||||||||||||

自定义功能菜单的保存

自定义功能菜单后，可将其保存，以便日后随时调用，方法为：在"菜单自定义"对话框中单击 存储为(A)... 按钮，打开"存储菜单集"对话框，在"名称"文本框中输入名称，单击 确定 按钮即可。

Example 实例 011 设置快捷键

使用Indesign CC时，可以针对个人的偏好自定义常用的功能快捷键，这样可以加快操作速度，提高操作效率。需要注意的是，在Indesign CC中不能直接改变软件默认的功能快捷键，需要在默认的快捷键基础上新建快捷键集，才能在该集中自定义适合自己的功能快捷键。

素材文件	无
效果文件	无
动画演示	动画\第1章\011.swf

下面以新建"我的快捷键"集，并改变"打开"功能菜单快捷键为"N"为例，介绍设置快捷键的方法，其操作步骤如下。

01 在Indesign CC的操作界面中，选择【编辑】/【键盘快捷键】菜单命令，如图1-37所示。

02 在打开的"键盘快捷键"对话框中单击 新建集(N)... 按钮，打开"新建集"对话框。在"名称"文本框中输入"我的快捷键"，单击 确定 按钮，如图1-38所示。

03 确认"集"下拉列表框中的选项为"我的快捷键"，然后选择"命令"列表框中的"打开"选项，选择"当前快捷键"栏中的"默认：Ctrl+O"选项，单击 移去(M) 按钮，如图1-39所示。

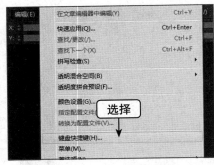

图1-37　设置键盘快捷键

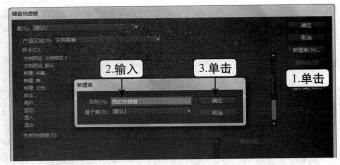

图1-38　新建集

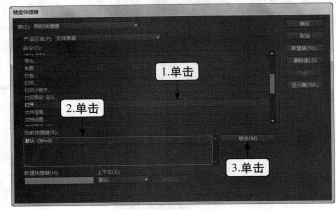

图1-39　移去快捷键

04 在"新建快捷键"文本框中输入"N"，单击 [指定(A)] 按钮，然后单击 [确定] 按钮，即可完成操作，如图1-40所示。

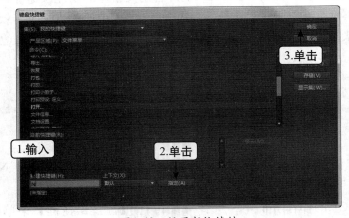

图1-40　设置新快捷键

专家课堂 ▏▎▍▋▊▉▊▋▍▎▏▎▍▋▊▉▊▋▍▎▏▎▍▋▊▉

切换快捷键集

　　创建新快捷键集后，可通过打开的"键盘快捷键"对话框，在"集"下拉列表框中选择相应选项来切换需要的快捷键集，其中"[默认]"选项为Indesign CC提供的快捷键集。

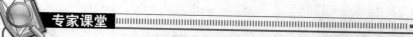

专家课堂

显示所有快捷键方法

在"键盘快捷键"对话框中单击 显示集(W)... 按钮，即可在打开的记事本窗口中显示当前快捷键集包含的所有快捷键和对应的命令，如图1-41所示。

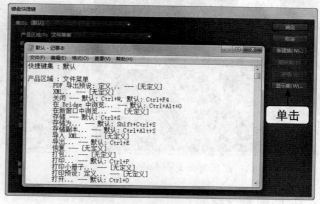

单击

图1-41 显示快捷键

综合项目 创建"名片模板"文档

本章通过多个范例对Indesign CC的常见操作和排版的基本设置进行了详细讲解，下面将综合学习这些操作和设置的使用，以便在后面的设计工作中更加灵活自如地运用这些操作。本范例将通过创建以名片为对象的文档为例，详细讲解文档的新建、保存、关闭，参考线的创建、更改颜色，以及网格基线的显示、调整属性等操作，具体流程如图1-42所示。

图1-42 操作流程示意图

素材文件	无
效果文件	效果\第1章\名片模板.indd
动画演示	动画\第1章\1-1.swf、1-2.swf、1-3.swf、1-4.swf

1. 新建文档

下面首先启动Indesign CC，通过"新建文档"对话框新建文档，并对各参数属性作适当修改，其操作步骤如下。

01 双击桌面上的Indesign CC快捷启动图标🆔，启动Indesign CC，按【Ctrl+N】组合键打开"新建文档"对话框。

02 在"宽度"和"高度"数值框中分别输入"90"和"54"。在"出血"栏的"上"、"下"、"内"、"外"数值框中都输入"1"，单击 边距和分栏... 按钮，如图1-43所示。

03 打开"新建边距和分栏"对话框，在"边距"栏的"上"、"下"、"内"、"外"数值框中都输入"0"，单击 确定 按钮，如图1-44所示。

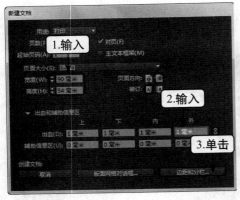

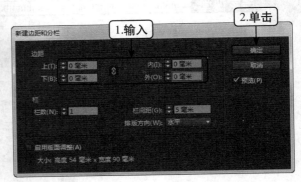

图1-43 设置页面大小和出血　　　　　　　图1-44 设置边距

2. 创建参考线

下面将通过手动拖动的方式创建3条参考线，为名片做整体布局，并将3条参考线的颜色更改为红色，其操作步骤如下。

01 将鼠标指针移到水平标尺处，按住鼠标左键不放并拖动到页面，对齐垂直标尺"18毫米"处，释放鼠标，如图1-45所示。

02 将鼠标指针移到垂直标尺处，按住鼠标左键不放并拖动到页面，对齐水平标尺"30毫米"处，释放鼠标，如图1-46所示。

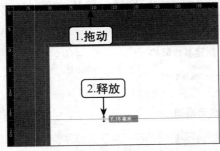

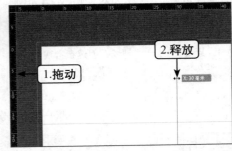

图1-45 创建水平参考线　　　　　　　图1-46 创建垂直参考线

03 按相同方法继续创建垂直参考线，对齐水平标尺"35毫米"处，释放鼠标，如图1-47所示。

04 将鼠标指针移到页面左上角，按住鼠标左键不放向右下角拖动，框选3条参考线后，释放鼠标，如图1-48所示。

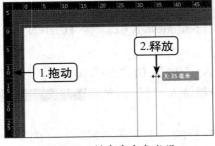

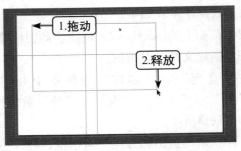

图1-47 创建垂直参考线　　　　　　　图1-48 框选参考线

专家课堂

Indesign CC 中的选择工具

　　选择参考线以及框选参考线时，实际上使用的是Indesign CC的"选择工具" ，该工具位于操作界面左侧的工具箱中，如图1-49所示。该工具可用于选择文本框、图像、图形等各种对象，具体的使用方法将在后面介绍，这里只需知道此工具即可。

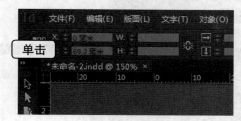

图1-49　选择工具

05 选择【版面】/【标尺参考线】菜单命令，如图1-50所示。

06 打开"标尺参考线"对话框，在"颜色"下拉列表框中选择"红色"，单击 确定 按钮，完成操作，如图1-51所示。

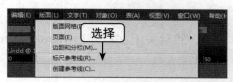

图1-50　设置标尺参考线

图1-51　改变参考线颜色

3. 创建基线网格

　　为了使同一排的各个文本框均能在水平位置上对齐，下面将显示并设置基线网格的属性作为辅助工具来实现这一效果，其操作步骤如下。

01 选择【视图】/【网格和参考线】/【显示基线网格】菜单命令，显示出基线网格，如图1-52所示。

02 选择【编辑】/【首选项】/【网格】菜单命令，如图1-53所示。

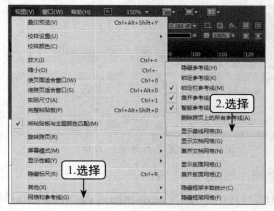

图1-52　显示基线网格

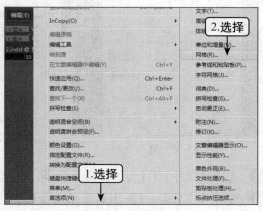

图1-53　设置基线网格

03 打开"首选项"对话框，在"基线网格"栏的"开始"文本框中输入"51"，在"间隔"文本框中输入"20"，单击 **确定** 按钮，如图1-54所示。

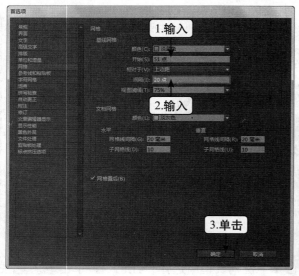

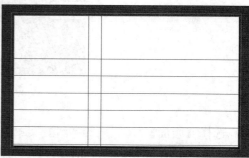

图1-54 设置基线网格后的效果

4. 关闭文档

下面将把新建的文档存储为"名片模板"文档，然后关闭文档并退出Indesign CC程序，其操作步骤如下。

01 选择【文件】/【存储】菜单命令，如图1-55所示。

02 打开"存储为"对话框，在"路径"下拉列表框中设置文档的保存位置，在"文件名"下拉列表框中输入"名片模板"，单击 **保存(S)** 按钮，如图1-56所示

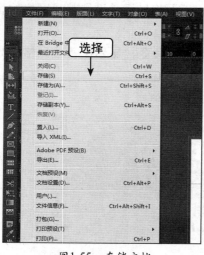

图1-55 存储文档

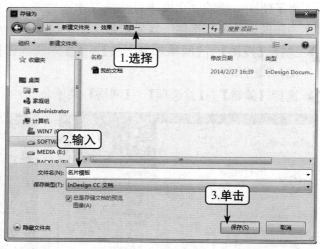

图1-56 设置保存路径和名称

03 选择【文件】/【关闭】菜单命令，关闭文档，如图1-57所示。

04 选择【文件】/【退出】菜单命令，退出Indesign CC即完成本例所有操作，如图1-58所示。

图1-57　关闭文档　　　　　　　　　图1-58　退出程序

课后练习1 创建"书签模板"文档

本次练习将以创建书签模板为例，重点巩固文档的新建、保存以及参考线的创建、设置等操作，最终效果如图1-59所示。

素材文件	无
效果文件	效果\第1章\书签模板.indd

练习提示：

（1）启动Indesign CC，新建空白文档，大小的具体参数为："宽度"为"120毫米"、"高度"为"60毫米"；出血的具体参数为："上"、"下"、"内"、"外"都为"3毫米"；边距的具体参数为："上"、"下"、"内"、"外"都为"0毫米"。

（2）创建3条垂直参考线，位置以水平标尺为参考，分别为："18毫米"、"52毫米"、"86毫米"。

（3）创建1条横向参考线，位置以垂直标尺"15毫米"处为参考。

（4）选择4条参考线，改变其颜色为"黑色"。

（5）将该文档以"书签模板"为名，保存在F盘根目录。

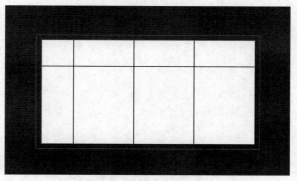

图1-59　"书签模板"的效果

课后练习2 更改"书签模板"文档

本次练习将以打开"书签模板.indd"文档，并更改为纯文本书签模板为例，巩固文档的打开、另存，参考线的删除，基线网格的设置等操作，最终效果如图1-60所示。

素材文件	素材\第1章\书签模板.indd
效果文件	效果\第1章\纯文本书签模板.indd

图1-60 "纯文本书签模板"的效果

练习提示：

（1）打开"书签模板.indd"文档。

（2）删除所有参考线。

（3）显示基线网格，设置基线网格的"开始"为"0点"、"间隔"为"35点"。

（4）将该文档以"纯文本书签模板"为名，另存在F盘根目录。

（5）关闭文档并退出程序。

第2章
文本与段落的使用

Indesign CC具备强大的文本与段落编辑功能，可以设计制作出不同版式和内容的文件。相对于其他文档编辑工具而言，Indesign CC的专业性更强、操作更加丰富。本章将介绍文本与段落的各种基本编辑方法，包括文本框的创建及编辑、文本与段落的输入、字体与段落的各种设置等内容。

Example 实例 012 使用文字工具创建文本

在Indesign CC中，文本总是通过文本框这一载体显示在文档中的，利用其提供的文字工具可以方便地创建文本框，进而输入需要的文本内容。

素材文件	无
效果文件	效果\第2章\创建文本.indd
动画演示	动画\第2章\012.swf

下面以使用文字工具创建文本框，并在文本框中输入文本为例，介绍运用文字工具创建文本的方法，其操作步骤如下。

01 启动Indesign CC并创建空白文档，单击左侧工具栏中的"文字工具"按钮 T ，此时鼠标指针将变为 I 形状。在文档中按住鼠标左键不放并向右下方拖动，释放鼠标创建出文本框，如图2-1所示。

02 此时创建好的文本框中将显示插入光标，按照其他文档编辑工具的操作方法输入需要的文本或段落，这里输入"保护环境就是保护生产力"文本，如图2-2所示。

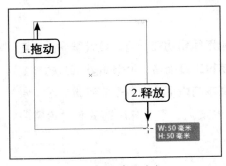

图2-1　创建文本框

图2-2　输入文本

专家课堂

文本框输入状态和退出输入状态的切换

在文本框中输入完文本后可以单击左侧工具栏中的"选择工具"按钮 或直接按【Esc】键退出输入状态；当文本框处于选择状态时，双击文本框可再次切换至输入状态。

Example 实例 013 垂直排列文本的创建

创建文本时，有时会根据需要创建出竖排的文本内容，此时可直接通过Indesign CC的直排文字工具进行创建。

素材文件	无
效果文件	效果\第2章\垂直文本.indd
动画演示	动画\第2章\013.swf

下面以使用直排文字工具创建文本框，并在文本框中输入文本为例，介绍运用直排文字工具创建竖排文本的具体方法，其操作步骤如下。

01 新建空白文档，在左侧工具栏中的"文字工具"按钮 **T.** 处单击鼠标右键，在弹出的下拉列表中选择"直排文字工具"选项，如图2-3所示。

02 在空白文档中按住鼠标左键不放并向右下方拖动，释放鼠标创建竖排文本框，如图2-4所示。

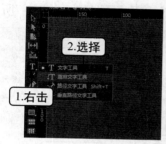

图2-3 选择直排文字工具

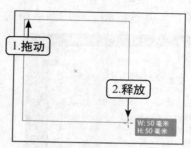

图2-4 创建竖排文本框

03 在创建好的文本框中输入"我们大家的世博"文本，然后按【Enter】键，再输入"世界文明的盛会"文本，此时输入的文本将垂直排列，如图2-5所示。按【Esc】键退出输入状态即可。

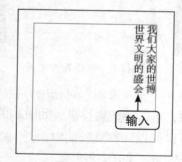

图2-5 输入文本

专家课堂

切换工具

当工具栏中的按钮的左下角显示下拉按钮时，代表该按钮包含多个工具。此时除了利用鼠标右键切换工具以外，还可直接在按钮上按住鼠标左键不放，然后在弹出的下拉列表中切换。

Example **实例** **014 Word文档的置入**

很多情况下，某些文本素材存放在其他文件中，此时如果需要在Indesign CC中使用，可直接通过置入功能快速调用这些文本素材，从而避免重新输入的麻烦。置入文档时可根据需要选择是否使用已有文本的格式，并可对其进行其他选项的设置。

素材文件	素材\第2章\地产广告语.doc
效果文件	效果\第2章\地产广告语.indd
动画演示	动画\第2章\014.swf

下面以置入Word文档中的文本为例，介绍使用Indesign CC进行置入文本的方法，其操作步骤如下。

01 新建一个高度为"530毫米"，宽度为"760毫米"的空白文档。

02 选择【文件】/【置入】菜单命令，或按【Ctrl+D】组合键，如图2-6所示。

03 打开"置入"对话框，在"路径"下拉列表框中选择素材文件所在的文件夹，在下方的列表框中选择"地产广告语"文件选项，选择"显示导入选项"复选框，取消选择"替换所选项目"复选框和"应用网格格式"复选框，单击 打开(O) 按钮，如图2-7所示。

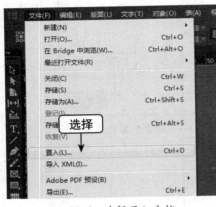

图2-6 选择置入文档

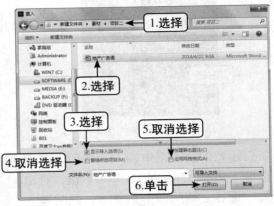

图2-7 选择需置入的文档

04 打开"导入选项"对话框，在"格式"栏中选择"保留文本和表的样式和格式"单选项，单击 确定 按钮，如图2-8所示。

05 将鼠标指针移到版面空白处，按住鼠标左键不放并向右下方拖动到适当位置，释放鼠标即可，如图2-9所示。

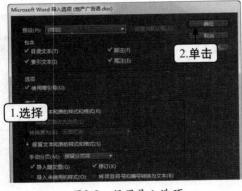

图2-8 设置导入选项

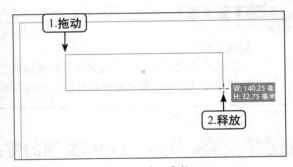

图2-9 置入文档

06 此时便在文本框中导入了Word文档中的文本，同时应用了该文本原有的样式和格式，如图2-10所示。

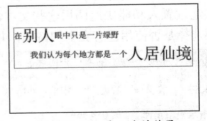

图2-10 导入后的效果

TXT纯文本文档的置入

在Indesign CC中也可置入txt格式的纯文本文档，其方法与word文档的置入相同。

版面的放大和缩小

置入的文档显示比例太大或者太小而影响编辑工作时，可以放大或者缩小版面来进行调整，其方法为：按【Ctrl+＝】组合键放大显示比例，按【Ctrl+－】组合键缩小显示比例，也可按住【Alt】键不放，滚动鼠标滚轮放大或者缩小版面的显示比例。

Example 实例 015 文本框的编辑

为了更好地控制版面布局，往往需要对创建的文本框进行进一步的编辑，如位置的移动、大小的调整、角度的旋转等，以便获得更为满意的效果。

素材文件	素材\第2章\读书名言.indd
效果文件	效果\第2章\读书名言.indd
动画演示	动画\第2章\015.swf

下面以精确移动文本框，改变文本框大小，并将其旋转为例，介绍编辑文本框的方法，其操作步骤如下。

01 在Indesign CC的操作界面中，按【Ctrl+O】组合键打开素材提供的"读书名言.indd"文档。

02 单击左侧工具栏中的"选择工具"按钮，再单击"——陆游"文本框，选择此文本框，如图2-11所示。

03 在上方"属性栏"中的"X"数值框中输入"123"，"Y"数值框中输入"62"，然后按【Enter】键，即可改变文本框水平和垂直方向的位置，如图2-12所示。

图2-11　选择文本框

图2-12　移动文本框

专家课堂

快速移动文本框

当选择文本框后，按住鼠标左键不放并拖动到适当位置，可快速移动文本框。如不需要精确移动文本框，则可使用此方法快速移动文本框。

04 选择"书到用时方恨少，事非经过不知难"文本框，在上方"属性栏"中的"W"数值框中输入"135"，"H"数值框中输入"9"，然后按【Enter】键，即可分别改变文本框的长和宽，完成对文本框大小的改变，如图2-13所示。

专家课堂

快速改变文本框大小

选择文本框后，将鼠标指针移动到置入的文本框右下角□位置，当鼠标指针变为状态时，按住鼠标左键不放并拖动到适当位置，释放鼠标后，即可改变文本框大小。

05 在上方"属性栏"中的"旋转角度"数值框中输入"2"，然后按【Enter】键，即可完成对文本框的旋转，如图2-14所示。

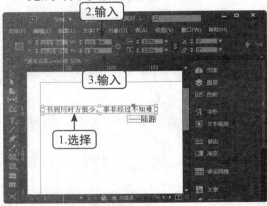

图2-13　改变文本框大小　　　　　图2-14　旋转文本框

专家课堂

拖动鼠标旋转文本框

将鼠标移动到所选文本框右下角的空白区域，当鼠标指针变为状态时，按住鼠标左键不放并拖动到适当位置，释放鼠标后，即可旋转文本框。

Example 实例 016 文本框的圆角处理

为了增加文本的各种整体造型变化，Indesign CC允许对文本框进行外形调整，如将文本框进行圆角处理，以使文本框自身及其文本都同步进行改变。

素材文件	素材\第2章\语言语气.txt
效果文件	效果\第2章\语言语气.indd
动画演示	动画\第2章\016.swf

下面以精确调整文本框四角的圆角度数为例，介绍文本框圆角处理的方法，其操作步骤如下。

01 在Indesign CC的操作界面中，创建一个空白版面，并置入提供的"语言语气"txt文档。然后单击左侧工具栏中的"选择工具"按钮 ，选择置入后的文本框。如图2-15所示。

02 选择【对象】/【角选项】菜单命令，如图2-16所示。

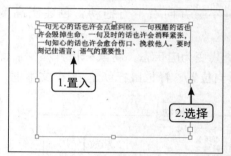

图2-15　置入并选择文档

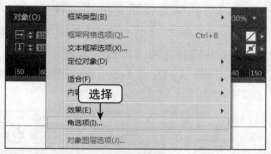

图2-16　设置角选项

03 打开"角选项"对话框，选择"预览"复选框，单击 ![锁定按钮] 按钮锁定4个角，在"类型"下拉列表框中选择"圆角"选项，在"度数"数值框中输入"15"，单击 ![确定] 按钮，即可同时更改4个角的圆角度数，如图2-17所示。

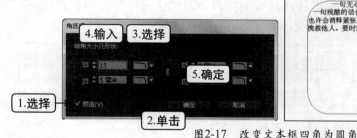

图2-17　改变文本框四角为圆角

专家课堂

快速处理文本框圆角的方法

如果不需精确调整文本框的圆角度，则可选择文本框，并拖动文本框右边线上的 ![] 标记，快速对文本框的圆角程度进行设置。

Example 实例 017 文本框的串联操作

当文本框中的内容超过文本框的大小时，会在其右下角显示 ![] 标记，该标记为"溢出"标记，表示有未显示完的内容。遇到这种情况时，若不想改变文本框中的对象，则需要对文本框进行串联操作，使用多个文本框来显示未显示完整的内容。

素材文件	素材\第2章\伤胃坏习惯.txt
效果文件	效果\第2章\伤胃坏习惯.indd
动画演示	动画\第2章\017.swf

下面以使用3个文本框创建串联结构来显示置入的文本为例，介绍文本框串联操作的方法，其操作步骤如下。

01 在Indesign CC的操作界面中创建一个空白文档，并按【Ctrl+D】组合键置入"伤胃坏习惯"txt文档。

02 将鼠标指针移到版面空白处，按住鼠标左键不放并向右下方拖动，创建出高度为"30"，宽度为"40"的文本框，如图2-18所示。

03 单击文本框右下角的红色"溢出"标记⊞，使其变为⊡状态，将鼠标指针移到右侧空白处，按住鼠标左键不放并向右下方拖动到适当位置，释放鼠标创建第2个文本框，如图2-19所示。

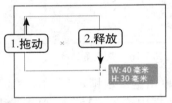
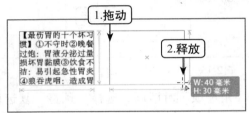

图2-18　创建第1个文本框　　　　图2-19　创建第2个文本框

04 此时第2个文本框将连续显示第1个文本框中未显示的内容。继续单击第2个文本框右下角的红色"溢出"标记，将鼠标指针移到右侧空白处，按住鼠标左键不放并向右下方拖动，创建出第3个文本框显示所有文本即可，如图2-20所示。

图2-20　创建第3个文本框

专家课堂

串联文本框的作用

　删除文本后，串联文本框会自动调整后续文本框的文本内容到该文本框中；删除串联文本框后，该文本框中的文本内容会自动调整到后续串联文本框中。

Example 实例 018 设置字体及字号

通过对文本的字体和字号进行设置，可使文本表现出更加丰富的效果。字体和字号的设置也是字符编辑工作中很常用的操作之一。

素材文件	无
效果文件	效果\第2章\字体字号.indd
动画演示	动画\第2章\018.swf

下面以改变文本的字体为"方正舒体"、字号大小为"24点"为例，介绍设置字体及字号的方法，其操作步骤如下。

01 在Indesign CC的操作界面中创建一个空白文档，并利用"文字工具"创建一个文本框。

02 在创建好的文本框中输入"流水在碰到底处时才会释放活力。——歌德"文本，如图2-21所示。

03 将鼠标指针移动到文本最前面，按住鼠标左键不放并拖动到此文本末尾，释放鼠标选择文本，或直接按【Ctrl+A】组合键全选文本，如图2-22所示。

图2-21 输入文本

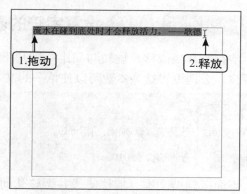

图2-22 选择文本

04 选择【窗口】/【文字和表】/【字符】菜单命令，如图2-23所示。

05 打开"字符"面板，在"字体"下拉列表框中选择"方正舒体"选项，在"字体大小"下拉列表框中选择"24点"选项，如图2-24所示。

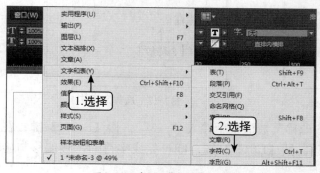

图2-23 打开"字符"面板

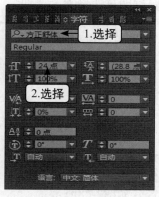

图2-24 设置字体字号

06 此时便设置好了文本的字体及字号，效果如图2-25所示。

图2-25　设置后的效果

专家课堂

快速设置字符的属性

　　选择文本后，可直接在Indesign CC界面上方的属性栏中对字符的基本属性进行快速的设置。

Example 实例 019 设置字符的基线偏移、旋转与间距

　　字符的基线偏移、旋转与间距分别是指字符在一行文本中的垂直位置、角度和文本间的距离。合理设置这些参数可以使单一的文本效果变得更加生动形象。

素材文件	无
效果文件	效果\第2章\烟雨江南.indd
动画演示	动画\第2章\019.swf

　　下面以旋转文本、偏移基线并调整其间距为例，介绍字符的基线偏移、旋转与间距的设置方法，其操作步骤如下。

01 在Indesign CC的操作界面中创建一个空白文档，然后利用"文字工具"创建一个文本框，并在文本框中输入"烟雨江南"文本，如图2-26所示。

02 将鼠标指针移到文本"烟"左侧，按住鼠标左键不放并拖动到"烟"文本右侧，释放鼠标即可选择文本"烟"，如图2-27所示。

图2-26　输入文本

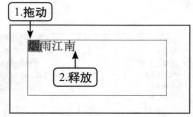

图2-27　选择文本

03 打开"字符"面板，在"基线偏移"数值框中输入"－3"，按【Enter】键，在"字符旋转"数值框中输入"15"，按【Enter】键，即可完成字符的基线偏移与旋转设置，如图2-28所示。

04 继续选择文本"雨"，将其"基线偏移"设置为"0"、"字符旋转"设置为"5"；选择文本"江"，将其"基线偏移"设置为"0"、"字符旋转"设置为"－5"；选择文本"南"，将其"基线偏移"设置为"－2"、"字符旋转"设置为"－15"，设置完成后的效果如图2-29所示。

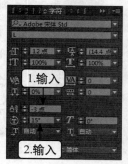
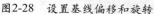

图2-28　设置基线偏移和旋转

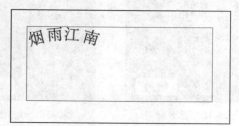

图2-29　设置后的效果

05 同时选择文本"雨江"，然后打开"字符"面板，在"字符间距"数值框中输入"200"，按【Enter】键完成设置，效果如图2-30所示。

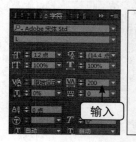
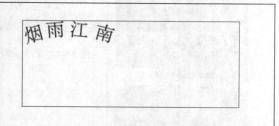

图2-30　设置字符间距

Example 实例 O2O 设置字符倾斜及水平、垂直缩放

设置文字的倾斜及缩放可以对文字进行变形处理，从而得到特殊的效果，使制作的作品更出色、更具魅力。

素材文件	素材\第2章\理发店优惠活动.doc
效果文件	效果\第2章\理发店优惠活动.indd
动画演示	动画\第2章\020.swf

下面以改变字符形态为例，介绍字符的倾斜及缩放方法，其操作步骤如下。

01 在Indesign CC的操作界面中创建一个空白文档，按【Ctrl+D】组合键置入素材提供的"理发店优惠活动"Word文档，双击置入的文本框进入输入状态。

02 打开"字符"面板，选择"金秋十月"文本，在"倾斜"数值框中输入"20"，按【Enter】键，如图2-31所示。

03 选择"与国同庆"文本，在"倾斜"数值框中输入"－20"，按【Enter】键，如图2-32所示。

04 选择"免费"文本，在"垂直缩放"数值框中输入"150"，按【Enter】键，如图2-33所示。

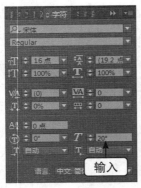
图2-31 设置倾斜

图2-32 设置倾斜

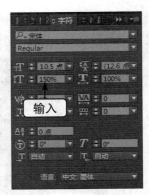
图2-33 设置垂直缩放

05 选择"活动火热进行中"文本，在"水平缩放"数值框中输入"150"，按【Enter】键完成设置，效果如图2-34所示。

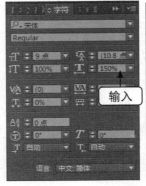

图2-34 设置水平缩放

Example 实例 **021 设置行距和上下标**

行距表示同一段文本中行与行之间的距离；上下标是指在文本上添加上标或下标样式，以便得到特殊的字符效果。

素材文件	素材\第2章\房产户外广告语.doc
效果文件	效果\第2章\房产户外广告语.indd
动画演示	动画\第2章\021.swf

下面以通过属性栏设置行距和上标为例，介绍在属性栏中进行文本设置的方法，其操作步骤如下。

01 在Indesign CC的操作界面中创建一个空白文档，按【Ctrl+D】组合键置入素材提供的"房产户外广告语"Word文档，双击置入的文本框进入编辑状态。

02 选择"m"后面的数字"2"，单击界面上方属性栏中的"上标"按钮T，即可对所选文本进行上标设置，如图2-35所示。

03 选择第一排文本"一座城的荣誉，拥有者的自豪"，在版面上方属性栏中的"行距"

数值框中输入"30"，按【Enter】键即可改变所选文本的行距，效果如图2-36所示。

图2-35 设置上标

图2-36 设置行距

Example 实例 022 复合字体的使用

使用复合字体可以同时定义某一段文本中的中文、英文、数字等对象，应用复合字体段落中的各种字符会根据设置好的复合字体分别匹配自己相对应的字体形式。需要注意的是，使用复合字体之前必须先创建复合字体。

素材文件	素材\第2章\音箱说明书.doc
效果文件	效果\第2章\音箱说明书.indd
动画演示	动画\第2章\022.swf

下面以创建复合字体并应用到文本中为例，介绍使用复合字体的方法，其操作步骤如下。

01 启动Indesign CC，选择【文字】/【复合字体】菜单命令，如图2-37所示。

02 打开"复合字体编辑器"对话框，单击 新建(N)... 按钮，打开"新建复合字体"对话框，在"名称"文本框中输入"正文字体"，单击 确定 按钮，如图2-38所示。

图2-37 设置复合字体

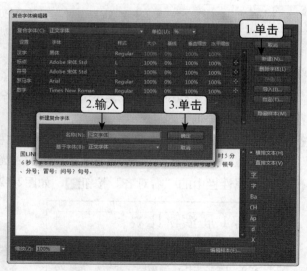

图2-38 新建复合字体

03 返回"复合字体编辑器"对话框，在"汉字"栏的"字体"下拉列表框中选择"黑体"选项，在"罗马字"栏的"字体"下拉列表框中选择"Arial"选项，在"数字"栏的"字体"下拉列表框中选择"Times New Roman"选项，单击 存储(S) 按钮，最后单击 确定 按钮关闭对话框，如图2-39所示。

04 创建一个空白文档，置入素材提供的"音箱说明书"Word文档，按【Ctrl+A】组合键选择所有文本。

05 在上方属性栏的"字体"下拉列表框中选择"正文字体"选项，即可将存储的复合字体快速应用于所选文本中，效果如图2-40所示。

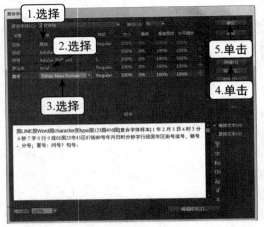

图2-39 存储复合字体   图2-40 应用创建的复合字体

Example 实例 023 设置段落的对齐方式

输入文本后按【Enter】键换行，便自动生成了一个段落，当存在多个段落时，可根据需要设置其对齐方式，包括左对齐、右对齐、居中对齐等效果。

素材文件	素材\第2章\演讲比赛.doc
效果文件	效果\第2章\演讲比赛.indd
动画演示	动画\第2章\023.swf

下面以针对文档中不同段落采用不同的对齐方式为例，介绍设置段落对齐方式的方法，其操作步骤如下。

01 在Indesign CC的操作界面中创建一个空白文档，置入素材提供的"演讲比赛"Word文档，在"——"文本左侧单击鼠标，将插入光标定位到该段落中，如图2-41所示。

02 单击属性栏中的"右对齐"按钮，如图2-42所示。

图2-41 选择段落   图2-42 右对齐段落

03 在"第"文本左侧单击鼠标，将插入光标定位到该段落中。

04 单击属性栏中的"居中对齐"按钮▤，完成设置，效果如图2-43所示。

图2-43 居中对齐段落

Example 实例 024 设置文本框颜色

Indesign CC可以为文本框添加背景颜色，文本框中的文本则存在于背景色之上，从而不仅可以美化文本框，而且还能达到突出显示文本的效果。

素材文件	素材\第2章\摄影协会.doc
效果文件	效果\第2章\摄影协会.indd
动画演示	动画\第2章\024.swf

下面以将文本框改变为绿色为例，介绍设置文本框颜色的方法，其操作步骤如下。

01 在Indesign CC的操作界面中创建一个空白文档，置入素材提供的"摄影协会"Word文档，在左侧工具栏中单击"选择工具"按钮▶，然后选择置入的文本框。

02 在左侧工具栏中双击"填色"按钮▱，如图2-44所示。

03 打开"拾色器"对话框，在"R"文本框中输入"102"、"G"文本框中输入"244"、"B"文本框中输入"74"，单击　确定　按钮完成设置，如图2-45所示。

图2-44 打开"拾色器"

图2-45 设置文本框颜色

专家课堂

选取颜色的其他方式

打开"拾色器"对话框后，也可以单击左侧"色彩"面板直接选取所需颜色，或者拖动中间"色彩"条中的滑块来选取需要的颜色。

除了为文本框设置颜色外，文本自身也能应用各种颜色，这样不仅可以强调需要的主体文本，而且还能使文档更具可读性。

素材文件	素材\第2章\珠宝.doc
效果文件	效果\第2章\珠宝.indd
动画演示	动画\第2章\025.swf

下面以改变文档第一段落颜色为例，介绍设置文档颜色的方法，其操作步骤如下。

01 在Indesign CC的操作界面中创建一个空白文档，置入素材提供的"珠宝"Word文档，双击文本框，进入文本输入状态，如图2-46所示。

02 选择段落"给爱情多些罗曼蒂克"，在左侧工具栏中双击"填色"按钮，如图2-47所示。

图2-46 进入编辑状态

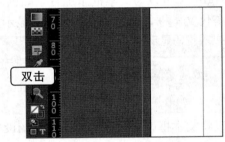

图2-47 打开"拾色器"

03 打开"拾色器"对话框，分别在"R"、"G"和"B"文本框中输入"252"、"10"和"247"，单击 确定 按钮完成设置，如图2-48所示。

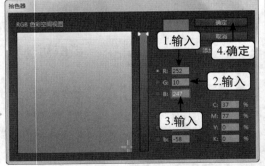

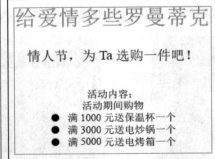

图2-48 设置颜色

制表符是一种对齐符号，其功能是在不使用表格的前提下，在垂直方向按列对齐文本。制表符主要包括左对齐、中对齐、右对齐以及用于对齐文本中分割数位的逗号与时间的冒号这4种不同类型的制表符。

素材文件	素材\第2章\目录.doc
效果文件	效果\第2章\目录.indd
动画演示	动画\第2章\026.swf

下面以快速对齐目录页码为例，介绍设置制表符的方法，其操作步骤如下。

01 在Indesign CC的操作界面中创建一个空白文档，置入素材提供的"目录"Word文档，双击文本框，进入文本输入状态。

02 在每段文本的页码数字前面单击鼠标插入光标，然后按【Tab】键输入制表符，如图2-49所示。

专家课堂

显示和不显示隐含的字符

制表符默认为隐藏状态，选择【文字】/【显示隐含的字符】菜单命令即可显示出该字符，反之选择【文字】/【不显示隐藏字符】菜单命令则可隐藏制表符。也可通过按【Ctrl+Alt+I】组合键对制表符的显示和隐藏状态进行切换。

03 选择【文字】/【制表符】菜单命令，如图2-50所示。

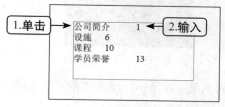

图2-49　输入制表符

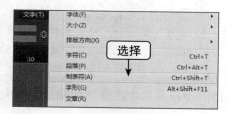

图2-50　打开制表符

04 打开"制表符"对话框，按【Ctrl+A】组合键选择所有文字，单击"左对齐制表符"按钮，单击缩排标尺任意位置插入"左对齐制表符"标记，在"X"文本框中输入"40"，按【Enter】键确认制表符长度；在"前导符"文本框中输入"."然后按【Enter】键设置制表符前导符样式。最后单击"关闭"按钮，关闭对话框完成操作，如图2-51所示。

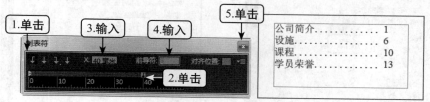

图2-51　设置制表符

Example 实例 027 创建删除线及下划线

删除线与下划线的作用主要是对文本进行着重显示，起强调作用。让浏览者能够在包含大量文本信息的文档中快速地留意到标有该特殊符号的对象。

素材文件	素材\第2章\太阳镜.doc
效果文件	效果\第2章\太阳镜.indd
动画演示	动画\第2章\027.swf

下面以设置文档中的原价和抢购价文本为例，介绍创建删除线及下划线的方法，其操作步骤如下。

01 在Indesign CC的操作界面中创建一个空白文档，置入素材提供的"太阳镜"Word文档，双击文本框，进入文本输入状态，如图2-52所示。

02 选择"586"数字，打开"字符"面板，单击右上方的"展开菜单"按钮██，如图2-53所示。

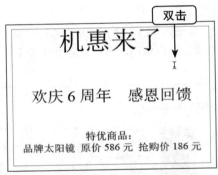

图2-52 进入编辑状态　　　　　　　图2-53 弹出菜单

03 在弹出的下拉菜单中选择"删除线"命令，即可对数字"586"添加删除线，如图2-54所示。

04 选择"186"数字，在"字符"面板的右上方单击"展开菜单"按钮██，在弹出的下拉菜单中选择"下划线选项"命令，如图2-55所示。

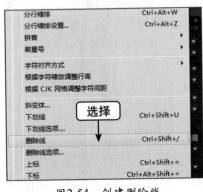

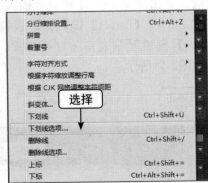

图2-54 创建删除线　　　　　　　图2-55 打开下划线选项对话框

05 打开"下划线选项"对话框，在"选项"栏中选择"启用下划线"复选框，在"粗细"数值框中输入"2"，在"类型"下拉列表框中选择"波浪线"选项，在"颜色"下拉列表框中选择"红色"选项，单击██确定██按钮，完成设置，效果如图2-56所示。

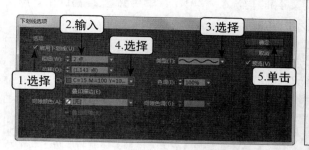

图2-56 创建下划线

 专家课堂

快速设置删除线和下划线的方法

选择文本后，在界面上方属性栏中单击"删除线"按钮 T 或"下划线"按钮 T，可快速为文本设置删除线和下划线，但设置的效果是系统默认的效果。

Example 实例 028 为文本添加拼音

Indesign CC可以轻松为文本添加拼音，使制作儿童读物等文件变得简单易行。

素材文件	素材\第2章\公司简介.doc
效果文件	效果\第2章\公司简介.indd
动画演示	动画\第2章\028.swf

下面以在不常见的文本上面添加拼音批注为例，介绍为文本添加拼音的方法，其操作步骤如下。

01 在Indesign CC的操作界面中创建一个空白文档，置入素材提供的"公司简介"Word文档，双击文本框，进入文本输入状态。

02 选择正文中的"龛"字，打开"字符"面板，单击右上方的"展开菜单"按钮，如图2-57所示。

03 在弹出的下拉菜单中，选择【拼音】/【拼音】菜单命令，如图2-58所示。

图2-57 弹出菜单

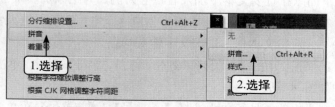

图2-58 打开"拼音"对话框

04 打开"拼音"对话框，在"拼音"文本框中输入"zhi"，单击 确定 按钮，即可为选择的文本添加拼音，如图2-59所示。

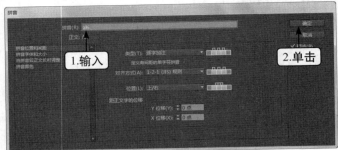

图2-59　添加拼音

专家课堂

删除拼音的方法

选择需要删除拼音的文本，在"字符"面板中单击右上方的"展开菜单"按钮，在弹出的下拉菜单中选择【拼音】/【无】菜单命令，即可删除拼音，如图2-60所示。

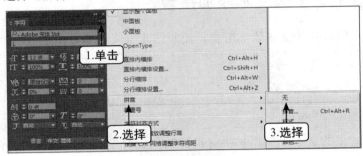

图2-60　删除拼音

Example 实例 029 添加着重号

着重号的功能与下划线功能相似，都是为文本设置重点提示，突出此文本的重要性。

素材文件	素材\第2章\设计理念.doc
效果文件	效果\第2章\设计理念.indd
动画演示	动画\第2章\029.swf

下面以在重要文本下加入着重号为例，介绍添加着重号的方法，其操作步骤如下。

01 在Indesign CC的操作界面中创建一个空白文档，置入素材提供的"设计理念"Word文档，双击文本框，进入文本输入状态。

02 选择正文中的"白天鹅"文本，打开"字符"面板，单击右上方的"展开菜单"按钮，如图2-61所示。

03 在弹出的下拉菜单中选择【着重号】/【着重号】菜单命令，如图2-62所示。

图2-61 弹出菜单

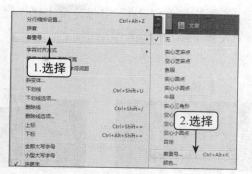
图2-62 添加着重号

04 打开"着重号"对话框，在"位置"下拉列表框中选择"下/左"选项，在"字符"下拉列表框中选择"鱼眼"选项，单击 确定 按钮，即可对文字添加着重号，如图2-63所示。

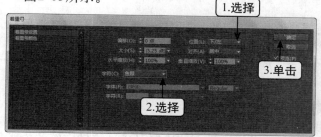

设计理念

白天鹅是洁白美丽的化身，象征纯洁美好的爱情。设计师以它为原型，以抽象的表现形式来塑造，用简单的线条构成了摆件的完美基线。

图2-63 添加着重号

Example 实例 **030** **更改字母的大小写**

在Indesign CC中可以通过设置，快速将小写字母更改为大写字母，避免了手动更改的麻烦。

素材文件	素材\第2章\体育杂志.doc
效果文件	效果\第2章\体育杂志.indd
动画演示	动画\第2章\030.swf

下面以更改标题字母为大写字母为例，介绍更改字母大小写的方法，其操作步骤如下。

01 在Indesign CC的操作界面中创建一个空白文档，置入素材提供的"体育杂志"Word文档，双击文本框，进入文本输入状态。

02 选择标题"sport"字母，单击界面上方属性栏中的"全部大写字母"按钮 TT ，将其更改为大写字母，如图2-64所示。

专家课堂

取消大写字母设置
如需要取消更改好的大写字母，恢复到文本的初始状态，则可以再次单击"全部大写字母"按钮 TT 便可取消大写状态。

03 选择副标题的"the first"字母，单击属性栏中的"小型大写字母"按钮 ，将其更改
为小型大写字母，如图2-65所示。

图2-64　设置全部大写

图2-65　设置小型大写

专家课堂

小型大写字母的大小调整

小型大写字母的字号大小可根据需要进行设置，其方法为：选择【编辑】/【首选项】/
【高级文字】菜单命令，在打开的对话框中进行设置即可。

Example 实例 031 直排内横排的使用

直排内横排是指在竖排文本中将选择字符进行横排。该设置可通过旋转字符的方式得
到更加复杂的排版效果。

素材文件	素材\第2章\古盐井.doc
效果文件	效果\第2章\古盐井.indd
动画演示	动画\第2章\031.swf

下面以对数字进行设置为例，介绍直排内横排功能的使用方法，其操作步骤如下。

01 在Indesign CC的操作界面中，利用"直排文字工具"按钮创建一个文本框，按
【Ctrl+D】组合键打开素材提供的"古盐井"Word文档，在文本框中单击鼠标置入，
如图2-66所示。

02 选择文本中的数字"3"，打开"字符"面板，单击右上方的"展开菜单"按钮 ，在
弹出的下拉菜单中选择【直排内横排】菜单命令，如图2-67所示。

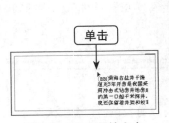

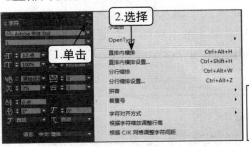

图2-66　置入竖排文本

图2-67　设置直排内横排

Example **实例** **032 分行缩排的使用**

分行缩排是指将选择的文本按照原来的文本方向缩小为两行或多行，常用于标题或者装饰性文字的排版。

素材文件	素材\第2章\店面.doc
效果文件	效果\第2章\店面.indd
动画演示	动画\第2章\032.swf

下面以分行缩排3行文字为例，介绍该功能的使用方法，其操作步骤如下。

01 在Indesign CC的操作界面中创建一个空白文档，置入素材提供的"店面"Word文档，双击文本框，进入文本输入状态，如图2-68所示。

02 选择文本"25/70m² 精品旺铺 1000m²主力店铺500米情景走廊"，在"字符"面板中单击右上方的"展开菜单"按钮 ，在弹出的下拉菜单中选择"分行缩排设置"命令，如图2-69所示。

图2-68　进入输入状态

图2-69　分行缩排

03 打开"分行缩排设置"对话框，选择"分行缩排"复选框，在"行"数值框中输入"3"，在"分行缩排大小"下拉列表框中选择"40%"选项，在"行距"数值框中输入"3"，在"对齐方式"下拉列表框中选择"强制双齐"选项，单击 确定 按钮关闭对话框，效果如图2-70所示。

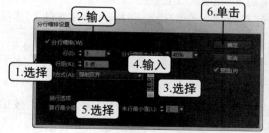

图2-70　设置分行缩排

Example **实例** **033 不同大小字符的对齐**

在Indesign CC中可以对不同大小的字符进行对齐，并且提供了多种对齐方式，用户可根据不同需要选择适合的对齐方式。

素材文件	素材\第2章\网店促销.doc
效果文件	效果\第2章\网店促销.indd
动画演示	动画\第2章\033.swf

下面以设置"下/左"对齐为例，介绍不同大小字符对齐的方法，其操作步骤如下。

01 在Indesign CC的操作界面中创建一个空白文档，置入素材提供的"网店促销"Word文档，双击文本框，进入文本输入状态。

02 选择文本"立即进入"，在字符面板中单击右上方的"展开菜单"按钮 ，在弹出的下拉菜单中选择【字符对齐方式】/【全角字框，下/左】菜单命令，即可完成"下/左"对齐方式的设置，如图2-71所示。

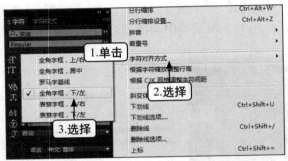

图2-71 进行"下/左"对齐

Example 实例 034 段落网格的对齐

段落网格对齐是基于网格版式自动将文本对齐网格，方便用户排版。

素材文件	素材\第2章\装饰画公司.doc
效果文件	效果\第2章\装饰画公司.indd
动画演示	动画\第2章\034.swf

下面以将素材提供的文档进行网格对齐为例，介绍段落网格的对齐方法，其操作步骤如下。

01 在Indesign CC的操作界面中创建一个空白文档，单击左侧工具栏中的"水平网格工具"按钮 ，在空白文档中创建一个网格文本框架，如图2-72所示。

02 置入素材提供的"装饰画公司"Word文档，单击工具栏中的"选择工具"按钮 ，选择此文本框。

03 选择【文字】/【段落】菜单命令，或按【Ctrl+Alt+T】组合键，如图2-73所示。

04 打开"段落"面板，在右上方单击"展开菜单"按钮 ，如图2-74所示。

05 在弹出的下拉菜单中选择【网格对齐方式】/【全角字框，居中】菜单命令，完成设置，如图2-75所示。

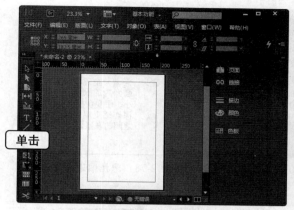

图2-72 选择"水平网格工具"

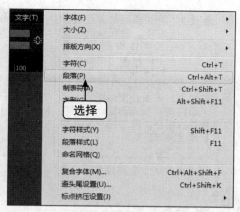

图2-73 打开"段落"面板

图2-74 打开下拉菜单

图2-75 居中对齐

Example 实例 035 悬挂缩进的使用

悬挂缩进是指在段落中，将第一行以外的其他行进行缩进的方式，一般常用于添加项目符号列表和编号列表。

素材文件	素材\第2章\视频拍摄手法.indd
效果文件	效果\第2章\视频拍摄手法.indd
动画演示	动画\第2章\035.swf

下面以设置素材文档的目标段落无悬挂缩进为例，介绍悬挂缩进的使用方法，其操作步骤如下。

01 在Indesign CC的操作界面中，按【Ctrl+O】组合键打开素材提供的"视频拍摄手法"文档。

02 双击文本框进入文本输入状态，并单击需要编辑的段落，将插入光标定位到此段落，如图2-76所示。

03 打开"段落"面板，在"左缩进"数值框中输入"34"，按【Enter】键，在"首行左缩进"数值框中输入"−34"，按【Enter】键即可，如图2-77所示。

04 此时便设置好了该段落的悬挂缩进，效果如图2-78所示。

推镜头：摄影机逐渐靠近被摄
主体，使观众的视线
从整体看到某一局
部，地感受此
局部的特征，加强情
绪气氛的烘托。

拉镜头：画面外框逐渐放大，
画面内的景物逐渐缩小，使观
众视点后移，深切感受局部和
整体之间的联系。

图2-76　选择段落

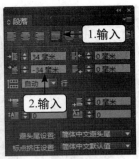

图2-77　设置悬挂缩进

推镜头：摄影机逐渐靠近被摄
主体，使观众的视线
从整体看到某一局
部，更深刻地感受此
局部的特征，加强情
绪气氛的烘托。

拉镜头：画面外框逐渐放大，
画面内的景物逐渐缩
小，使观众视点后移，
深切感受局部和整体
之间的联系。

图2-78　悬挂缩进后效果

专家课堂

使用在此缩进对齐命令

在此缩进对齐命令是指对光标所在位置的下一行开始的该段落中的所有行，在光标位置进行垂直方向按列缩进对齐。将插入光标定位在"拉镜头："文本右侧，选择【文字】/【插入特殊字符】/【其他】/【在此缩进对齐】菜单命令，或者按【Ctrl+\】组合键，即可达到悬挂缩进效果。

Example 实例 **036 段前和段后间距设置**

段间距的设置可以美化版面，使段间距疏松一些或者紧密一些，从而提高了各段落间的层次感。

素材文件	素材\第2章\易拉宝.indd
效果文件	效果\第2章\易拉宝.indd
动画演示	动画\第2章\036.swf

下面以调整第一段的段前和段后间距为例，介绍段前段后间距的设置方法，其操作步骤如下。

01 在Indesign CC的操作界面中，按【Ctrl+O】组合键打开素材提供的"易拉宝"文档。

02 双击文本框进入文本输入状态，单击第一段文本的任意位置，将插入光标定位在此段落。

03 打开"段落"面板，在"段前间距"数值框中输入"8"，按【Enter】键，在"段后间距"数值框中输入"5"，按【Enter】键，即可完成段前段后间距的设置，效果如图2-79所示。

易拉宝

　　易拉宝或称海报架、展示架，广告行业内也叫易拉架、易拉得、易拉卷等，体积小容易安装，很短时间之内立即展示一幅完美画面，轻巧便携，可更换画面，适合各种展览销售会场。

　　易拉宝的底部有一个卷筒，卷筒内有弹簧，可以将整张画面回卷筒内，打开的时候，把画拉出来，用一根棍子在后面支撑住。

图2-79　设置段前段后间距

Example **实例** **037** **添加首字下沉**

首字下沉是指将段落中第一行的第一个或者几个字符变大，下沉到与之相邻的一行或者几行当中，达到醒目的作用。

素材文件	素材\第2章\苍蝇和蜜.indd
效果文件	效果\第2章\苍蝇和蜜.indd
动画演示	动画\第2章\037.swf

下面以设置正文第一个字符下沉两行为例，介绍添加首字下沉的方法，其操作步骤如下。

01 在Indesign CC的操作界面中，按【Ctrl+O】组合键打开素材提供的"苍蝇和蜜"文档。

02 双击文本框进入文本输入状态，单击正文任意位置，将插入光标定位在此段落。

03 打开"段落"面板，在"首字下沉行数"数值框中输入"2"，按【Enter】键，在"首字下沉一个或多个字符"数值框中输入"1"，按【Enter】键，即可完成首字下沉效果的设置，如图2-80所示。

图2-80　添加首字下沉

专家课堂

删除首字下沉

要想删除首字下沉效果，可打开"段落"面板，在"首字下沉一个或多个字符"数值框中输入"0"，按【Enter】键即可。

Example **实例** **038** **设置文本效果**

Indesign CC提供了多种文本特殊效果，在操作中可以轻松为文本应用该功能，并能随时进行调整和设置，使文本展现出更加生动丰富的外观。

素材文件	素材\第2章\征集活动.indd
效果文件	效果\第2章\征集活动.indd
动画演示	动画\第2章\038.swf

下面以设置阴影、透明度和外发光文本效果为例，介绍设置文本效果的方法，其操作步骤如下。

01 在Indesign CC的操作界面中，按【Ctrl+O】组合键打开素材提供的"征集活动"文档，选择"科技园建园五周年"文本框，如图2-81所示。

02 选择【对象】/【效果】/【投影】菜单命令，如图2-82所示。

图2-81　选择文本框

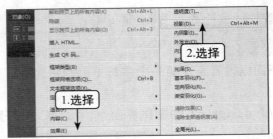

图2-82　添加效果

03 打开"效果"对话框，在"位置"栏的"距离"数值框中输入"1"，单击 确定 按钮，如图2-83所示。

04 选择"主题纪念活动"文本框，然后选择【对象】/【效果】/【透明度】菜单命令，如图2-84所示。

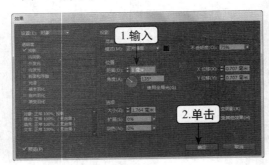

图2-83　设置投影

图2-84　添加效果

05 打开"效果"对话框，在"基本混合"栏的"不透明度"数值框中输入"80"，单击 确定 按钮，如图2-85所示。

06 选择"作品征集"文本框，然后选择【对象】/【效果】/【外发光】菜单命令，如图2-86所示。

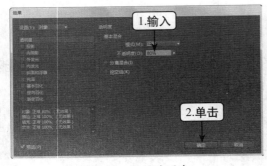

图2-85　设置透明度

图2-86　添加效果

07 打开"效果"对话框，单击"混合"栏的"设置发光颜色"按钮□，如图2-87所示。

08 打开"效果颜色"对话框，在下方的列表框中选择"C=75 M=5 Y=100 K=0"选项，单击 确定 按钮，如图2-88所示。

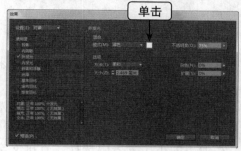
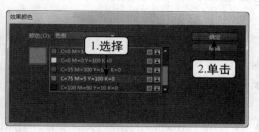

图2-87 设置混合模式　　　　　　　　　　图2-88 选择颜色

09 返回"效果"对话框，在"选项"栏的"扩展"数值框中输入"15"，单击 确定 按钮完成设置，如图2-89所示。

图2-89 设置外发光

专家课堂

取消效果设置的方法

当对设置好的效果不满意时，可以在"效果"对话框中，取消选择该效果前面的复选框☑，此时便快速取消了该效果的设置。

综合项目 商铺海报的设计

本章通过多个范例对Indesign CC的文本与段落的使用进行了详细讲解，下面将通过综合范例对这些操作进行巩固练习。本范例将重点涉及创建文本、编辑文本框、设置字符属性、设置文本效果、分行缩排等操作，具体流程如图2-90所示。

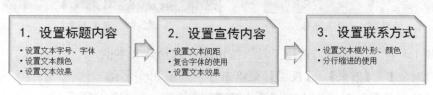

图2-90 操作流程示意图

素材文件	素材\第2章\喜庆射光.indd、宣传文字.doc、联系方式.txt
效果文件	效果\第2章\商铺海报.indd
动画演示	动画\第2章\2-1.swf、2-2.swf、2-3.swf

1. 设置标题内容

下面首先打开素材文件，然后通过对文本字号大小、字体、颜色、效果等的设置来制作标题内容，其操作步骤如下。

01 在Indesign CC的操作界面中，按【Ctrl+O】组合键打开素材提供的"喜庆射光"文档。

02 在左侧工具栏中右击"文字工具"按钮，在弹出的下拉列表中选择"直排文字工具"选项，如图2-91所示。

03 将鼠标指针移到版面中，按住鼠标左键不放并向右下方拖动到适当位置，释放鼠标，创建一个"竖排文字"文本框，如图2-92所示。

04 在文本框中输入"首家全市"，并按【Ctrl+A】组合键选择输入文本，然后在属性栏的"字体大小"数值框中输入"110"，按【Enter】键，如图2-93所示。

图2-91 选择"直排文字工具"

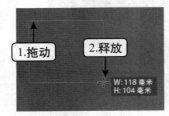

图2-92 创建文本框

图2-93 设置字体大小

05 在"字体"下拉列表框中选择"方正粗倩简体"选项，如图2-94所示。

06 在左侧工具栏下方双击"填色"按钮，打开"拾色器"对话框，在"R"、"G"、"B"文本框中均输入"255"，单击 确定 按钮，如图2-95所示。

图2-94 设置字体

图2-95 设置颜色

07 在左侧工具栏上方单击"选择工具"按钮，选择此文本框。

08 选择【对象】/【效果】/【投影】菜单命令，如图2-96所示。

09 在打开的"效果"对话框中直接单击 确定 按钮，如图2-97所示。

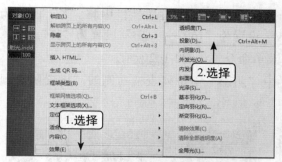

图2-96 添加效果

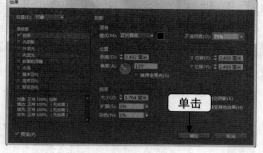

图2-97 设置投影效果

⑩ 在上方属性栏的"X"数值框中输入"56",按【Enter】键,在"Y"数值框中输入 "30",按【Enter】键,完成对文本框位置的精确调整。

⑪ 在"W"数值框中输入"91",按【Enter】键,在"H"数值框中输入"78",按 【Enter】键,完成对文本框大小的精确调整,如图2-98所示。

⑫ 利用"文字工具" T 创建一个文本框,输入"商贸中心",然后选择刚输入的文本, 设置其字体为"华文琥珀"、字体大小为"120"。

⑬ 打开"拾色器"对话框,在"R"文本框中输入"223","G"文本框中输入"227", "B"文本框中输入"59",单击 确定 按钮,如图2-99所示。

图2-98 设置文本框位置和大小

图2-99 设置颜色

⑭ 选择文本框,移动鼠标指针到文本框右下角□处,当其变成 状态时双击鼠标,文本框 将自动调整到适合文本的大小,如图2-100所示。

⑮ 重新在属性栏的"X"数值框中输入"196",按【Enter】键,在"Y"数值框中输入 "30",按【Enter】键,调整文本框的位置,如图2-101所示。

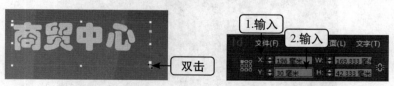

图2-100 调整文本框大小

图2-101 调整文本框位置

⑯ 继续创建一个文本框,在其中输入"超轻松买铺 赚取无尽财富"(中间输入4个空 格),然后选择刚输入的文本,设置其字体为"华文琥珀"、字号大小为"40"。

⑰ 双击"填色"按钮 打开"拾色器"对话框,在"R"、"G"、"B"文本框中均输 入"255",单击 确定 按钮。

⑱ 按【Esc】键退出编辑文本状态并选择此文本框，在上方属性栏中将"X"设置为"196"、"Y"设置为"93.889"、"W"设置为"169"、"H"设置为"15"。

⑲ 选择【对象】/【效果】/【斜面和浮雕】菜单命令，如图2-102所示。

⑳ 打开"效果"对话框，单击"阴影"栏中"阴影"下拉列表框右侧的"设置阴影颜色"按钮■，如图2-103所示。

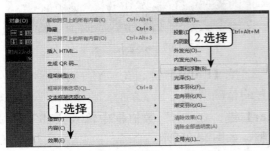

图2-102 添加效果

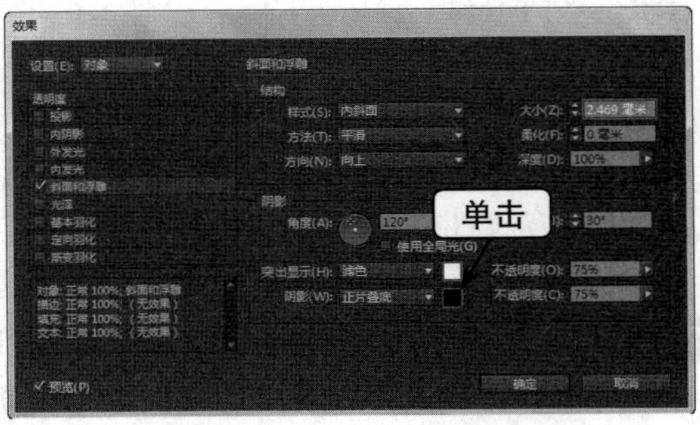

图2-103 设置阴影颜色

㉑ 打开"效果颜色"对话框，在下方的列表框中选择"纸色"选项，单击 确定 按钮，如图2-104所示。

㉒ 返回"效果"对话框，在"结构"栏的"样式"下拉列表框中选择"浮雕"选项，在"大小"数值框中输入"1"，单击 确定 按钮，如图2-105所示。

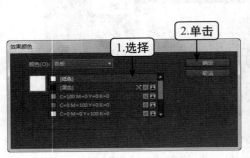

图2-104 选择颜色

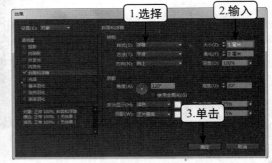

图2-105 设置浮雕效果

㉓ 此时便设置好了标题内容，效果如图2-106所示。

图2-106 标题内容效果

2. 设置宣传内容

下面将通过对文本的字体大小、字体、颜色、效果、间距等的设置来制作此海报的宣传内容，其操作步骤如下。

01 选择"商贸中心"文本框并单击鼠标右键，在弹出的快捷菜单中选择"复制"命令，或按【Ctrl+C】组合键复制文本框，如图2-107所示。

02 在版面空白处单击鼠标右键，在弹出的快捷菜单中选择"粘贴"命令，或按【Ctrl+V】进行粘贴，如图2-108所示。

图2-107　复制文本框

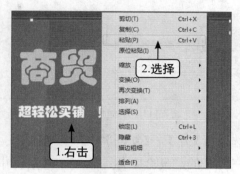

图2-108　粘贴文本框

03 将复制的文本框中的文本删除，然后输入"城市核心　　动力起航"（中间输入4个空格），按【Ctrl+A】组合键选择刚输入的文本，设置字体大小为"80"。

04 按【Esc】键退出文本输入状态并选择此文本框，在上方属性栏中设置"X"为"83"、"Y"为"171"、"W"为"254"、"H"为"29"。

05 在下方空白版面中创建一个文本框，输入"财富机会说来就来2万元创业做老板"文本，选择"财富机会说来就来"文本，设置字体大小为"48"、字体为"方正舒体"。

06 选择"2"字符，设置字体大小为"150"、字体为"华文琥珀"，按【Ctrl+T】组合键打开"字符"面板，在"倾斜"数值框中输入"15"，如图2-109所示。

07 选择"万元创业做老板"文本，设置字体大小为"74"、字体为"方正舒体"。

08 按【Ctrl+A】组合键全选"财富机会说来就来2万元创业做老板"文本，双击"填色"按钮打开"拾色器"对话框，在"R"、"G"、"B"文本框中分别输入"209"、"221"、"52"，单击 确定 按钮，如图2-110所示。

图2-109　设置倾斜

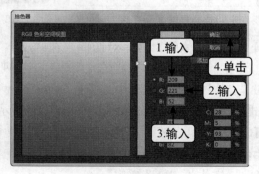

图2-110　设置颜色

09 按【Esc】键退出输入状态并选择该文本所在的文本框，在上方属性栏中设置"X"为"30"、"Y"为"247"、"W"为"360"、"H"为"60"。

10 选择【对象】/【效果】/【外发光】菜单命令，如图2-111所示。

⓫ 打开"效果"对话框，在"选项"栏的"大小"数值框中输入"5"，单击 确定 按钮，如图2-112所示。

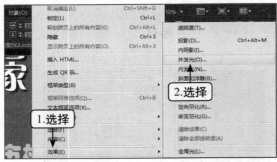

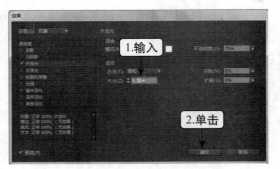

图2-111 添加效果　　　　　　　　　　图2-112 设置外发光

⓬ 选择【文字】/【复合字体】菜单命令，如图2-113所示。

⓭ 在打开的"复合字体编辑器"对话框中单击"新建"按钮 新建(N)... ，打开"新建复合字体"对话框，在"名称"文本框中输入"段落字体"，单击 确定 按钮，如图2-114所示。

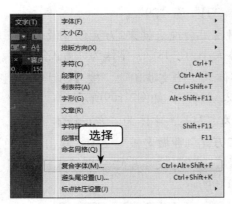

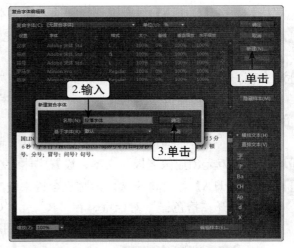

图2-113 设置复合字体　　　　　　　图2-114 打开"新建复合字体"对话框

⓮ 返回"复合字体编辑器"对话框，在"汉字"栏的"字体"下拉列表框中选择"黑体"选项，在"罗马字"栏的"字体"下拉列表框中选择"Arial"选项，在"数字"栏的"字体"下拉列表框中选择"Times New Roman"选项，单击 存储(S) 按钮后再单击 确定 按钮，将其存储，如图2-115所示。

⓯ 按【Ctrl+D】组合键置入素材提供的"宣传文字"Word文档。

⓰ 双击文本框进入文本输入状态，按【Ctrl+A】组合键全选文本，设置字体大小为"48"、字体为"段落字体"。

⓱ 打开"拾色器"对话框，设置"R"为"255"、"G"为"255"、"B"为"255"。

⓲ 打开"字符"面板，在"行距"数值框中输入"80"，按【Enter】键，如图2-116所示。

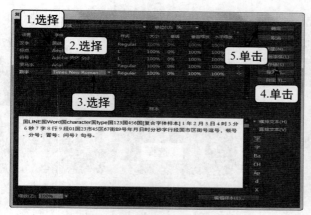

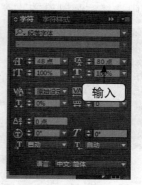

图2-115　创建并存储复合字体

图2-116　设置行距

19 按【Esc】键退出文本输入状态并选择此文本框，在上方属性栏中设置"X"为"94"、"Y"为"365"、"W"为"234"、"H"为"46"。

20 选择【对象】/【效果】/【投影】菜单命令，如图2-117所示。

21 打开"效果"对话框，在"混合"栏的"模式"下拉列表框中选择"变暗"选项，将"不透明度"设置为"100"，单击 确定 按钮，如图2-118所示。

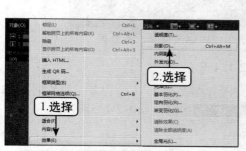

图2-117　添加效果

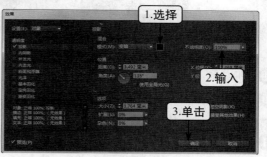

图2-118　设置投影

22 完成海报宣传内容的设置，效果如图2-119所示。

3. 设置联系方式

下面将通过对文本的字体大小、字体、颜色、效果、分行缩进以及对文本框的外形和颜色等设置来制作此海报的联系方式，其操作步骤如下。

01 按【Ctrl+D】组合键置入素材提供的"联系方式"txt文档。

02 双击文本框进入文本输入状态，按【Ctrl+A】组合键全选文本，设置字体大小为"48"、字体为"方正粗倩简体"。

图2-119　宣传内容效果

03 打开"拾色器"对话框，设置"R"为"255"、"G"为"255"、"B"为"255"。

04 选择"开发商：AAAA公司代理商：BBBB公司"文本，打开"字符"面板，单击"展开菜单"按钮 ，在弹出的下拉菜单中选择"分行缩排设置"命令，如图2-120所示。

05 打开"分行缩排设置"对话框，选择"分行缩排"复选框，在"对齐方式"下拉列表框中选择"强制对齐"选项，单击 确定 按钮，如图2-121所示。

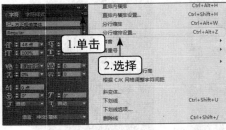

图2-120 分行缩排设置

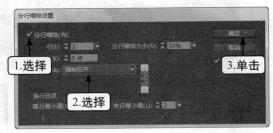

图2-121 设置对齐方式

06 按【Esc】键退出文本输入状态并选择此文本框，在上方属性栏中设置"X"为"25"、"Y"为"470"、"W"为"370"、"H"为"18"。

07 单击文本框左侧黄色标记 ，如图2-122所示。

08 将鼠标指针移动到文本框右上角，按住鼠标左键不放，并拖动到"8.294毫米"处释放鼠标，如图2-123所示。

图2-122 编辑文本框

图2-123 改变文本框为圆角

09 在左侧工具栏中双击"填色"按钮 ，如图2-124所示。

10 打开"拾色器"对话框，在"R"文本框中输入"231"、"G"文本框中输入"36"、"B"文本框中输入"31"，单击 确定 按钮，如图2-125所示。

11 完成商铺海报的设计制作，效果如图2-126所示。

图2-124 设置颜色

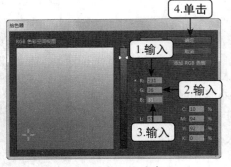

图2-125 输入文本颜色

图2-126 商铺海报效果

专家课堂

文件的预览

在使用Indesign CC设计制作过程中，可以按【W】键随时预览作品的打印效果，以便通过预览效果对制作得不太合理的内容进行更改，避免制作完成并打印出来后发现作品不理想再重新设计制作的过程。

课后练习1 **制作茶水单**

本次练习将重点巩固文本及段落的设置，主要包括设置字符的大小、字体、间距、颜色，设置制表符、行距，文本框的移动等知识，最终效果如图2-127所示。

素材文件	素材\第2章\茶水单.indd、价目表.doc
效果文件	效果\第2章\茶水单.indd

图2-127 茶水单效果

练习提示：

（1）启动Indesign CC，打开"茶水单.indd"文档。

（2）利用"直排文字工具"创建竖排"茶水单"文本，全选文本设置"字号"为"72"，"字体"为"华文行楷"，"字符间距"为"530"，文本框位置"X"为"148"、"Y"为"10"，文本框大小"W"为"25.4"、"H"为"110"。

（3）利用"文字工具"创建"价目表"文本，全选文本，设置"字号"为"24"，"字符间距"为"300"，文本颜色"R"为"111"、"G"为"186"、"B"为"44"，文本框位置"X"为"61"、"Y"为"10"，文本框大小"W"为"31"、"H"为"9"。

（4）置入素材提供的"价目表"Word文档，设置文本框位置"X"为"26"、"Y"为"23"，文本框大小"W"为"101"、"H"为"97"。全选文本，设置"字号"为"18.62"，"行距"为"28"，文本颜色"R"为"143"、"G"为"195"、"B"为"34"。

（5）选择【文字】/【制表符】菜单命令，打开"制表符"面板，选择"左对齐制表符"，设置"X"为"75"、"前导符"为"."。

课后练习2 **制作茶楼介绍**

本次练习将以文本框的移动、文本字号的改变、字符旋转、首行缩进、首字下沉、悬挂缩进、分行缩排等操作来巩固本章所学内容，最终效果如图2-128所示。

素材文件	素材\第2章\茶楼介绍.indd、宣传语.doc、价格.doc、加时费.doc
效果文件	效果\第2章\茶楼介绍.indd

练习提示：

（1）打开素材提供的"茶楼介绍.indd"文档。

（2）利用"文字工具"创建"休闲会所"文本，全选文本，设置"字号"为"60"。选择文本框，设置文本框"X"为"127"、"Y"为"30"、"W"为"85"、"H"为"22"。

（3）置入素材提供的"宣传语"Word文档，设置文本框"X"为"97"、"Y"为"67"、"W"为"144"、"H"为"59"。

（4）打开"段落"面板，设置"首行左缩进"为"21"。

（5）利用"文字工具"创建"（包间收费标准）"文本，全选文本，设置"字号"为"36"。选择文本框，设置文本框"X"为"87"、"Y"为"156"、"W"为"97"、"H"为"21"。

（6）利用"文字工具"创建"每客最低消费6元起"文本，全选文本，设置"字号"为"36"。选择"6"文本，在"字符"面板中设置"字符旋转"为"15"。选择文本框，设置文本框"X"为"30"、"Y"为"220"、"W"为"88"、"H"为"31"。

（7）在"段落"面板中设置"首字下沉行数"为"2"。

（8）置入素材提供的"价格"Word文档，设置文本框位置"X"为"172"、"Y"为"203"，文本框大小"W"为"69"、"H"为"64"。

（9）选择最后一段，在"段落"面板中设置"左缩进"为"25"、"首行左缩进"为"−25"。

（10）置入素材提供的"加时费"Word文档，选择"大厅收加时费5元/小时包间收加时费10元/小时"文本，在"分行缩排设置"对话框中设置"分行缩排大小"为"70%"。然后设置文本框"X"为"59"、"Y"为"311"、"W"为"153"、"H"为"11"。

图2-128　茶楼介绍效果

第3章
表格的创建与编辑

  表格是文档中非常重要的元素，它是由单元格排列的行和列组成的，单元格与文本框类似，可在其中添加文本、图文或是其他表格。在Indesign CC中不仅可以创建和编辑表格，还能导入Excel表格或编辑由Word软件创建的表格。本章将重点介绍表格的创建、导入，单元格的样式、颜色，表头和表尾的设置等内容。

Example 实例 039 直接创建表格

直接创建表格是Indesign CC最基本的创建表格的方法，其关键点是在文本框载体中插入空白表格。

素材文件	无
效果文件	效果\第3章\创建表格.indd
动画演示	动画\第3章\039.swf

下面以在文本框中创建一个行数为6、列数为8的空白表格为例，介绍直接创建表格的方法，其操作步骤如下。

01 新建空白文档，利用"文字工具"创建一个文本框。

02 选择【表】/【插入表】菜单命令，如图3-1所示。

03 打开"插入表"对话框，在"表尺寸"栏的"正文行"数值框中输入"6"、"列"数值框中输入"8"，单击 ▇确定▇ 按钮即可，如图3-2所示。

图3-1 打开"插入表"对话框　　图3-2 设置行和列

Example 实例 040 将文本转换为表格

在Indesign CC中如果需要用表格来代替文本的表述内容，可以快速将现有文本转换为表格。在转换过程中需要注意制表符、段落标记、逗号的位置，这些符号可以确定转换后文本所在表格的内容及表格自身的结构。

素材文件	素材\第3章\货单.doc
效果文件	效果\第3章\货单.indd
动画演示	动画\第3章\040.swf

下面以将素材提供的文本转换为表格为例，介绍将文本转换为表格的方法，其操作步骤如下。

01 新建文档，按【Ctrl+D】组合键入素材提供的"货单"Word文档，双击此文本框进入文本编辑状态，然后按【Ctrl+A】组合键全选文本。

02 选择【表】/【将文本转换为表】菜单命令，如图3-3所示。

03 打开"将文本转换为表"对话框，单击▇确定▇按钮即可，如图3-4所示。

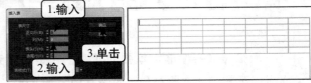

图3-3 将文本转换为表　　图3-4 将文本转换为表格

专家课堂

分隔符的使用

在"将文本转换为表"对话框中，可通过设置"列分隔符"和"行分隔符"来确定表格的创建，具体应参考文本自身的内容，如果以制表符分隔，则分隔符为制表符。

Example 实例 041 从Excel导入表格

Indesign可以轻松导入Excel表格数据，并能确定导入的表格范围以及是否包含表格格式。

素材文件	素材\第3章\消费指南.xls
效果文件	效果\第3章\消费指南.indd
动画演示	动画\第3章\041.swf

下面以置入素材提供的Excel表格为例，介绍从Excel导入表格的方法，其操作步骤如下。

01 新建文档，按【Ctrl+D】组合键打开"置入"对话框，选择指定素材后打开"导入选项"对话框，默认"单元格范围"下拉列表框中的参数，在"表"下拉列表框中选择"有格式的表"选项，单击 确定 按钮，如图3-5所示。

02 在Indesign文档中合适的空白区域单击，即可置入Excel表格，如图3-6所示。

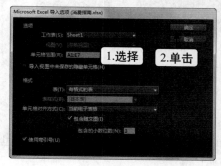

图3-5 选择导入选项

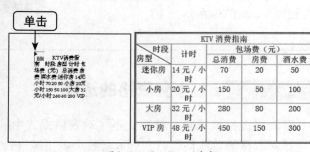

图3-6 置入Excel表格

Example 实例 042 导入Word中的表格

在Indesign CC中导入Word表格更加方便，但导入的表格不具备类似Excel表格中设置单元格范围，设置表格格式等功能。

素材文件	素材\第3章\规格表.doc
效果文件	效果\第3章\规格表.indd
动画演示	动画\第3章\042.swf

下面以置入素材提供的Word文档为例，介绍导入Word表格的方法，其操作步骤如下。

01 新建文档，按【Ctrl+D】组合键打开素材提供的"规格表.doc"文档。

02 在Indesign文档中空白处单击，即可置入Word中的表格，如图3-7所示。

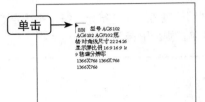

型号	AG5102	AG6102	AG7102
规格 对角线尺寸	22	24	26
显示屏比例	16:9	16:9	16:9
物理分辨率	1366X768	1366X768	1366X768

图3-7　置入Word中的表格

专家课堂

单独导入Word中表格的方法

若Word文档中同时存在表格和文本段落，如果需要单独导入表格，则可以复制Word中的表格，然后在Indesign CC中进行粘贴。需要注意的是，想要复制表格的所有格式，就要先对Indesign CC中的粘贴板进行设置。其方法为：选择【编辑】/【首选项】/【粘贴板处理】菜单命令，打开"首选项"对话框，在"从其他应用程序粘贴文本和表格时"栏中选择"所有信息"单选项，单击 确定 按钮即可，如图3-8所示。

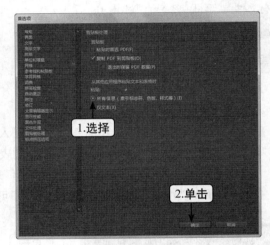

图3-8　设置粘贴板

Example **实例** **043** 表格的选择

对表格进行编辑时，就避免不了对表格或其中的单元格进行选择。表格的选择主要包括选择对表格的单元格、行、列或者整个表格等进行操作。

素材文件	素材\第3章\酒店采购单.indd
效果文件	无
动画演示	动画\第3章\043.swf

下面以分别单独选择行、列、连续的单元格或者整个表格为例，介绍表格的各种选择方法，其操作步骤如下。

01 按【Ctrl+O】组合键打开素材提供的"酒店采购单.indd"文档，拖动鼠标，从"床单"单元格到"80"单元格即可选择第二行的连续3个单元格，如图3-9所示。

02 拖动鼠标，从"编号"单元格到"要货时间"单元格即可选择第一行，如图3-10所示。

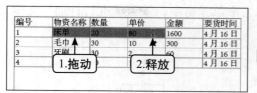

图3-9　选择连续单元格　　　　　　　　图3-10　选择第一行

03 拖动鼠标，从"编号"单元格到"4"单元格即可选择第一列，如图3-11所示。

04 单击表格中任意位置，使鼠标光标停留在表格之中，如图3-12所示。

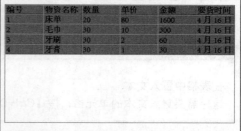

图3-11　选择第一列　　　　　　　　　图3-12　定位单元格

05 选择【表】/【选择】/【表】菜单命令，即选择整个表格，如图3-13所示。

图3-13　选择整个表格

专家课堂

表格的移动

在Indesign CC中表格是处在文本框之中的，移动表格只需移动文本框即可。

Example 实例 044 在表格中添加文本

创建好表格以后，便可在需要的单元格中添加相应的文本了。

素材文件	无
效果文件	效果\第3章\商品.indd
动画演示	动画\第3章\044.swf

下面通过在单元格中输入文本为例，介绍在表格中添加文本的方法，其操作步骤如下。

01 新建空白文档，创建一个"行数"为"4"，"列数"为"3"的表格，单击表格第一个单元格，将插入光标定位在第一个单元格中，输入"商品"文本，如图3-14所示。

02 按【Tab】键将插入光标定位在第一行第二个单元格中，输入"进货日期"文本，如图3-15所示。

图3-14　输入文本

图3-15　输入文本

03 按【→】键将插入光标定位在第一行第三个单元格中，输入"出货日期"文本，如图3-16所示。

04 继续按方向键将插入光标定位到第一列的第二个单元格，输入"钢笔"，按相同方法输入其他内容即可，如图3-17所示。

图3-16　输入文本

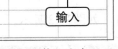

图3-17　输入文本

专家课堂

在表格中置入文本
选择需要置入文本的单元格，按【Ctrl+D】组合键可以在单元格中置入文本。

Example 实例 045 表头行与表尾行的设置

　　表头和表尾，是指表格中的第一行和最后一行。创建较长表格时，表格可能会跨多个栏、框或者页面，此时设置表头或表尾可以使表格在每个跨页的顶部或底部自动创建表头或表尾内容。

素材文件	素材\第3章\仓库出货.indd
效果文件	效果\第3章\仓库出货.indd
动画演示	动画\第3章\045.swf

　　下面以对素材提供的文档设置表头和表尾为例，介绍表头行与表尾行的设置方法，其操作步骤如下。

01 按【Ctrl+O】组合键打开素材提供的"仓库出货.indd"文档，将鼠标指针移动到表格第一行的左侧，当鼠标指针变为→状态时，按住鼠标左键不放并拖动到第二行左侧处，释放鼠标同时选择表格第一行和第二行，如图3-18所示。

02 选择【表】/【转换行】/【到表头】菜单命令，或选择【表】/【表选项】/【表头和表尾】菜单命令进行设置，即可完成表头行的设置，如图3-19所示。

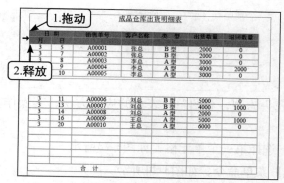

图3-18 选择行

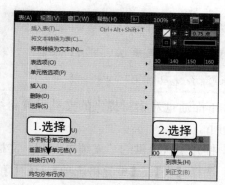

图3-19 设置为表头

03 单击"合计"行的任意位置，将插入光标定位到最后一行，如图3-20所示。

04 选择【表】/【转换行】/【到表尾】菜单命令，即可完成表尾行的设置，如图3-21所示。

图3-20 定位行

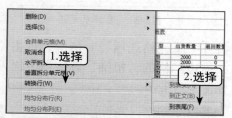

图3-21 设置为表尾

05 此时两个文本框中将自动出现设置的表头和表尾内容，如图3-22所示。

图3-22 最终效果

专家课堂

表头行和表尾行转正文

在选择需要转换的行（表头或者表尾）后，选择【表】/【转换行】/【到正文】菜单命令即可取消表头行和表尾行，将其转换为表格中的普通行。

Example **实例** **046 斜线表头的应用**

斜线表头是指一个单元格中包含多项内容，如表格中行是一种类型、列是另一种类型时，就需要在表格左上角的第一个单元格中使用斜线表头来说明。

素材文件	素材\第3章\成绩单.indd
效果文件	效果\第3章\成绩单.indd
动画演示	动画\第3章\046.swf

下面通过对素材提供的文档设置斜线表头为例，介绍斜线表头的应用方法，其操作步骤如下。

01 打开素材提供的"成绩单.indd"文档，选择第一个单元格，如图3-23所示。

02 选择【表】/【单元格选项】/【对角线】菜单命令，如图3-24所示。

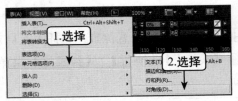

图3-23 选择单元格　　　　　　图3-24 设置对角线

03 打开"单元格选项"对话框，单击"从左上角到右下角的对角线"按钮 ▧，在"线条描边"栏的"粗细"数值框中输入"0.5"，单击 确定 按钮，即可完成操作，如图3-25所示。

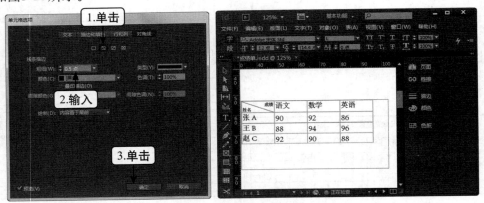

图3-25 设置对角线方向和粗细

Example 实例 **047 行与列的插入与删除**

在编辑表格的过程中，根据所需内容的多少，往往会经常对表格结构进行调整，其中最常见的就是行与列的插入与删除操作。

素材文件	素材\第3章\营业报告书.indd
效果文件	效果\第3章\营业报告书.indd
动画演示	动画\第3章\047.swf

下面以调整素材"营业报告书.indd"文档中的表格为例，介绍行与列的插入与删除方法，其操作步骤如下。

01 打开素材提供的"营业报告书.indd"文档，单击"负责者"文本所在单元格，将插入光标定位到该单元格中，如图3-26所示。

02 选择【表】/【删除】/【列】菜单命令，或在所选单元格中单击鼠标右键，在弹出的快捷菜单中选择【删除】/【列】命令，即可删除整列，如图3-27所示。

图3-26 定位单元格

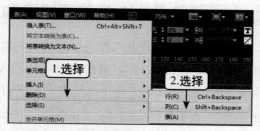

图3-27 删除列

03 单击"记号"文本所在单元格，将插入光标定位到该单元格中，如图3-28所示。

04 选择【表】/【插入】/【行】菜单命令，或者直接在所选单元格中单击鼠标右键，在弹出的快捷菜单中选择【插入】/【行】命令，如图3-29所示。

图3-28 定位单元格

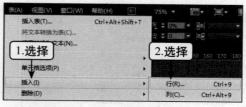

图3-29 打开"插入行"对话框

05 打开"插入行"对话框，在"插入"栏中选择"下"单选项，单击 确定 按钮，即可在下方插入一行，如图3-30所示。

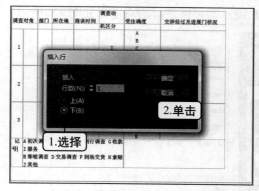

图3-30 插入行

专家课堂

快速插入行和列的方法

将鼠标指针移动到两列中线位置，当鼠标指针变为↔状态时，按住【Alt】键不放的同时，向右拖动鼠标可快速插入列。快速插入行的方法和快速插入列的方法相似。

Example **实例** **048 调整表格行和列的大小**

调整表格行和列的大小即是调整表格行和列的长度和宽度。在编制表格过程中，单元格中的内容往往不会一致，此时各行各列的大小也会不同，通过改变行和列的大小便能调整表格结构，使其更加适合单元格中的文本内容。

素材文件	素材\第3章\培训评估表.indd
效果文件	效果\第3章\培训评估表.indd
动画演示	动画\第3章\048.swf

下面以调整素材"培训评估表.indd"文档中备注单元格的行大小、部门单元格的列大小为例，介绍调整表格行和列的方法，其操作步骤如下。

01 打开素材提供的"培训评估表.indd"文档，单击"部门"文本所在单元格，将插入光标定位到该单元格中，选择【窗口】/【文字和表】/【表】菜单命令，如图3-31所示。

02 打开"表"面板，在"列宽"数值框中输入"70"，按【Enter】键，即可调整该列的宽度，如图3-32所示。

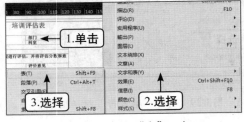

图3-31 打开"表"面板

图3-32 设置列宽

03 单击"备注"文本所在单元格，将插入光标定位到该单元格中，然后在"表"面板中的"行高"数值框中输入"15"，按【Enter】键，即可调整行的高度，如图3-33所示。

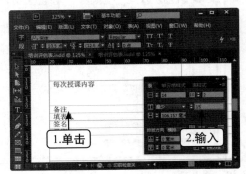

图3-33 设置行高

专家课堂 ||||||||||||||||||||||||||||||||||||||||||||||||||||||||||||||

手动调整行和整列以及表格大小的方法

　　将鼠标指针移动到两列中线位置，当鼠标指针变为↔状态时，按住鼠标左键不放并向左或向右拖动鼠标到适当位置，释放鼠标即可改变列的大小。改变行的大小的方法和改变列的大小的方法相似。将鼠标指针移动到表格右下角，当鼠标指针变为↖状态时，拖动鼠标可改变表格的大小。

Example 实例 **049** 单元格的合并与拆分

　　单元格的合并与拆分是编辑表格时常用的操作，合理运用好单元格的合并与拆分，能制作出结构更为复杂的表格。其中，单元格的合并是指将2个或多个位于同一行或列的单元格合并为一个单元格；单元格的拆分是指将1个单元格从水平方向或垂直方向拆分为2个单元格。

素材文件	素材\第3章\订购月总表.indd
效果文件	效果\第3章\订购月总表.indd
动画演示	动画\第3章\049.swf

　　下面以合并"总积分额"单元格和拆分"备注"单元格为例，介绍单元格的合并与拆分的方法，其操作步骤如下。

01 打开素材提供的"订购月总表.indd"文档，将鼠标指针移动到"总积分额"单元格，按住鼠标左键不放并拖动到同一行后面单元格，释放鼠标选择2个单元格，如图3-34所示。

02 在上方属性栏中单击"合并单元格"按钮，或选择【表】/【合并单元格】菜单命令，即可将所选的2个单元格合并为1个单元格，如图3-35所示。

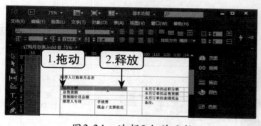

图3-34　选择2个单元格

图3-35　合并单元格

03 单击"备注"单元格，将插入光标定位到该单元格中，选择【表】/【垂直拆分单元格】菜单命令，完成对该单元格的垂直拆分，如图3-36所示。

图3-36　垂直拆分单元格

专家课堂

单元格的拆分

在Indesign CC中，除了可以垂直拆分单元格以外，还可以水平拆分单元格。单元格的水平拆分是指将该单元格从中间水平方向分为上下2个单元格。在Indesign CC中，单元格的拆分只能一拆为二。

Example 实例 050 设置单元格内边距及对齐方式

单元格的内边距是指单元格中的元素相对于单元格边框的距离，分为上、下、左、右四个方向；单元格的对齐则是指单元格中的元素在单元格中所处的位置，比如靠近上方、居中或靠近下方等。调整好单元格内边距及对齐方式可以使杂乱排列的表格变得更加整齐、美观。

素材文件	素材\第3章\评核表.indd
效果文件	效果\第3章\评核表.indd
动画演示	动画\第3章\050.swf

下面以设置单元格的内边距为0、对齐方式为居中为例，介绍设置单元格内边距及对齐方式的方法，其操作步骤如下。

01 打开素材提供的"评核表.indd"文档，选择"公司名称"单元格。

02 打开"表"面板，在"上单元格内边距"数值框中输入"0"，然后单击"将所有设置设为相同"按钮，快速将其他三项内边距设置为"0"，完成对单元格内边距设置的操作，如图3-37所示。

03 继续在"表"面板中单击"居中对齐"按钮，完成对单元格居中对齐设置的操作，如图3-38所示。

图3-37　设置内边距

图3-38　选择对齐方式

Example 实例 051 溢流单元格内容的处理

溢流单元格是指在该单元格中有未显示完的内容。当出现溢流单元格时，在该单元格的右下角会自动显示溢流标记，此时就需要将未显示的内容全部显示出来，避免表格内容显示不完整的情况出现。

素材文件	素材\第3章\商店调查书.indd
效果文件	效果\第3章\商店调查书.indd
动画演示	动画\第3章\051.swf

下面以将素材"商店调查书.indd"文档中"历史"文本所在单元格的内容全部显示为例，介绍溢流单元格内容的处理方法，其操作步骤如下。

01 打开素材提供的"商店调查书.indd"文档，将鼠标指针移动到"历史"单元格内最左侧，按住鼠标左键不放并拖动到该单元格内最右侧，释放鼠标即可选择该单元格，如图3-39所示。

02 打开"表"面板，在"行高"右侧下拉列表框中选择"最少"选项，即可显示未显示的内容，如图3-40所示。

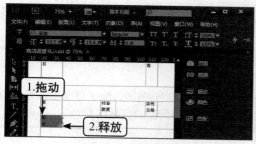

图3-39　选择单元格

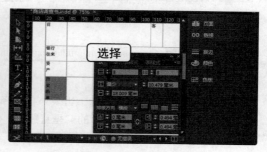

图3-40　显示溢流内容

Example 实例 **052 设置表格的外框**

在Indesign CC中可以改变表格外框的粗细、颜色和外框形态等，主要目的是使表格外观更加完美。

素材文件	素材\第3章\售货单.indd
效果文件	效果\第3章\售货单.indd
动画演示	动画\第3章\052.swf

下面以将素材"售货单.indd"文档中的表格外框粗细设置为3、类型为垂直线、颜色为绿色为例，介绍设置表格外框的方法，其操作步骤如下。

01 打开素材提供的"售货单.indd"文档，将插入光标定位到表格中的任意位置，选择【表】/【表选项】/【表设置】菜单命令，如图3-41所示。

02 打开"表选项"对话框，在"外表框"栏的"粗细"数值框中输入"3"，在

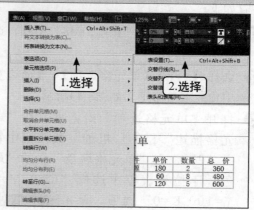

图3-41　打开"表选项"对话框

"类型"下拉列表框中选择"垂直线"选项，并在"颜色"下拉列表框中选择"C=75 M=5 Y=100 K=0"选项，单击 ▇确定▇ 按钮，如图3-42所示。

03 此时便完成了表格外框的设置，如图3-43所示。

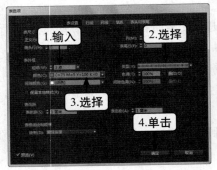
图3-42 设置表外框

图3-43 最终效果

专家课堂

什么是间隙颜色

表外框中的间隙颜色是指，当表外框选择一种类型后，在外框范围内除了该类型以外空白区域的颜色，比如范例中选择的"垂直线"，即每2条垂直线中间空白区域的颜色。

Example 实例 053 单元格的描边及填色

单元格的描边和填色是指对单个或者连续的多个单元格的边框进行颜色设置，这样不仅能美化表格，也能突出显示相关内容。

素材文件	素材\第3章\保险.indd
效果文件	效果\第3章\保险.indd
动画演示	动画\第3章\053.swf

下面以设置单元格外框粗细为2、填色为黄色为例，介绍设置表格外框的方法，其操作步骤如下。

01 打开素材提供的"保险.indd"文档，选择第一行。

02 选择【表】/【单元格选项】/【描边和填色】菜单命令，如图3-44所示。

03 打开"单元格选项"对话框，在"单元格描边"栏的"粗细"数值框中输入"2"，在"单元格填色"栏的"颜色"下拉列表框中选择"C=0 M=0 Y=100 K=0"选项，单击 ▇确定▇ 按钮，如图3-45所示。

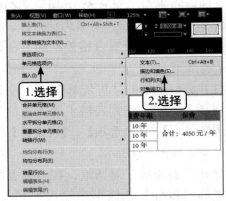
图3-44 设置描边和填色

04 此时便完成了单元格外框的设置和单元格填色，如图3-46所示。

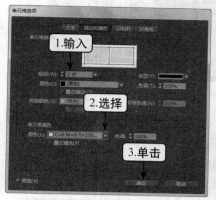

图3-45　设置单元格外框及颜色

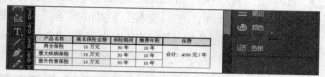

图3-46　最终效果

专家课堂

设置单元格某一个方向边框颜色的方法

如需单独设置上边框的颜色，可以打开"单元格选项"对话框，在"描边和填色"选项卡的"单元格描边"栏中取消其他方向的边框标记，然后改变颜色，如图3-47所示。

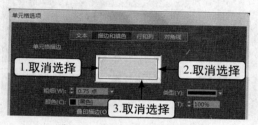

图3-47　取消选择边框标记

Example 实例 054 表格的交替描边与交替填色

在Indesign CC中，单元格的描边和填色除了连续设置以外，还可以交替设置。当表格的单元格较多时，交替设置行或列的描边或者填色效果，可以快速制作出专业且美观的表格。

素材文件	素材\第3章\网络覆盖调查表.indd
效果文件	效果\第3章\网络覆盖调查表.indd
动画演示	动画\第3章\054.swf

下面以表格间隔一列进行填色，并对序号为3和8的行进行描边为例，介绍表格的交替描边与交替填色的方法，其操作步骤如下。

01 打开素材提供的"网络覆盖调查表.indd"文档，双击表格将插入光标定位到该表格，选择【表】/【表选项】/【交替填色】菜单命令，如图3-48所示。

02 打开"表选项"对话框，在"交替模式"下拉列表框中选择"每隔一列"选项，在"交替"栏中的"颜色"下拉列表框中选择"C=100 M=0 Y=0 K=0"选项，在"跳过最前"数值框中输入"1"，如图3-49所示。

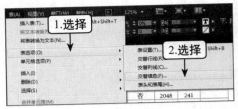

图3-48　交替填色　　　　　　　　图3-49　设置交替模式和颜色

03 继续在"表选项"对话框中单击"行线"选项卡，在"交替模式"下拉列表框中选择"自定行"选项，在"交替"栏中的"前"数值框中输入"2"、"后"数值框中输入"3"，在"颜色"下拉列表框中选择"C=15 M=100 Y=100 K=0"选项，在"跳过最前"数值框中输入"2"，单击 **确定** 按钮，如图3-50所示。

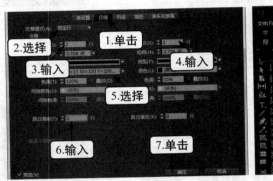

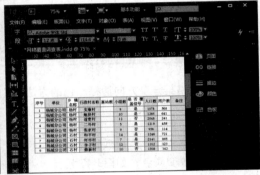

图3-50　设置交替行线

综合项目 **"现场记录表"的调整和设置**

　　本章通过多个范例对表格的创建、设置和调整进行了详细讲解，下面将进一步利用综合范例熟悉并巩固这些操作的使用。本范例将重点涉及表格的导入、添加文本、单元格的处理、表头行的设置等操作，具体流程如图3-51所示。

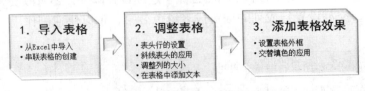

图3-51　操作流程示意图

素材文件	素材\第3章\现场记录表.xls
效果文件	效果\第3章\现场记录表.indd
动画演示	动画\第3章\3-1.swf、3-2.swf、3-3.swf

1. 导入表格

　　下面将素材文件提供的"现场记录表"电子表格导入到Indesign CC中，并以2个文本框串联结构的方式导入，其操作步骤如下。

01 创建一个空白文档，按【Ctrl+D】组合键，打开"置入"对话框，在"路径"下拉列表框中选择素材文件所在的文件夹，在下方的列表框中选择"现场记录表"Excel文件选项，取消选择"替换所选项目"和"应用网格格式"复选框，单击 打开(O) 按钮，如图3-52所示。

02 将鼠标指针移到版面左侧内边距处，向右下方拖动鼠标，创建出宽度为"160"、高度为"65"的文本框，如图3-53所示。

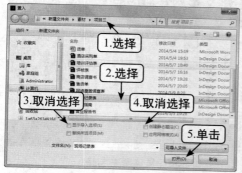

图3-52 选择置入文档

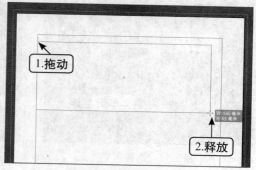

图3-53 创建文本框

03 单击创建好的文本框右下方的"溢出"标记，使其变为状态，将鼠标指针移到下方左侧内边距处，向右下方拖动鼠标，创建出第2个宽度为"160"、高度为"65"的文本框，完成表格的置入，如图3-54所示。

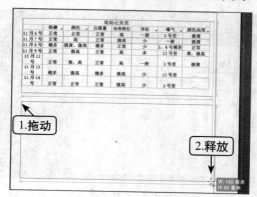

图3-54 创建第2个文本框

2. 调整表格

下面将通过调整列宽度、添加文本、创建斜线表头、设置表头行等方式对导入的表格进行调整，其操作步骤如下。

01 双击第2个文本框，将插入光标定位到"11月15号"单元格中，如图3-55所示。

02 选择【表】/【单元格选项】/【行和列】菜单命令，如图3-56所示。

图3-55 定位到单元格　　　　　图3-56 设置行和列

03 打开"单元格选项"对话框中的"行和列"选项卡，在"列宽"数值框中输入 "19"，单击 确定 按钮，如图3-57所示。

04 单击"格栅"单元格，将插入光标定位到该单元格中，如图3-58所示。

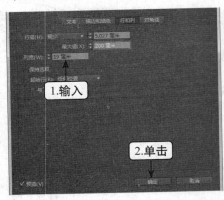

图3-57　设置列宽

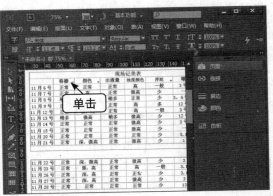

图3-58　定位到单元格

05 选择【表】/【单元格选项】/【行和列】菜单命令，打开"单元格选项"对话框中的 "行和列"选项卡，在"行高"下拉列表框中选择"最少"选项，单击 确定 按 钮，如图3-59所示。

06 单击表格左上角空白单元格，将插入光标定位到该单元格中，如图3-60所示。

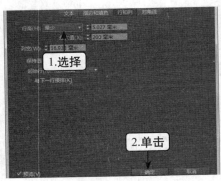

图3-59　设置行高

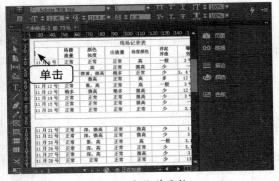

图3-60　定位单元格

专家课堂

溢流内容的显示

在Indesign CC的单元格中，溢流内容显示出来的时候只会改变该单元格的行高，不会改变其列宽。

07 选择【表】/【单元格选项】/【对角线】菜单命令，如图3-61所示。

08 打开"单元格选项"对话框，单击"从左上角到右下角的对角线"按钮，在"线条描边"栏的"粗细"数值框中输入"0.5"，单击 确定 按钮，如图3-62所示。

09 在该单元格中输入"参数"文本，然后选择【文字】/【段落】菜单命令，打开"段落"面板，单击"右对齐"按钮，如图3-63所示。

10 继续在该单元格中按【Enter】键换行，输入"日期"文本，并在"段落"面板中单击

"左对齐"按钮▇，如图3-64所示。

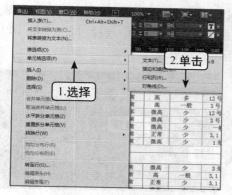

图3-61 设置对角线

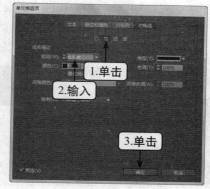

图3-62 设置斜线表头

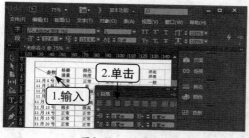

图3-63 右对齐文本

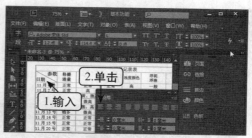

图3-64 左对齐文本

⓫ 将鼠标指针移动到表格第一行左侧，当鼠标指针变为➡状态时，拖动鼠标选择表格第一行和第二行，如图3-65所示。

⓬ 选择【表】/【转换行】/【到表头】菜单命令，完成表头设置，如图3-66所示。

图3-65 选择多行

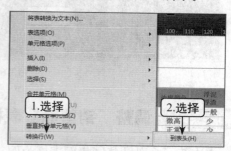

图3-66 设置表头

专家课堂

设置表头后的注意事项

当设置表头后，在后续的表格中会出现设置好的表头内容，此时如果需要编辑表头的内容，只能在第一个表格中进行编辑，后续表格的表头会出现▸标记，呈锁定状态。

3. 添加表格效果

下面将通过设置表格的外框和交替填色来对表格添加效果，其操作步骤如下。

❶ 单击表格任意位置，将插入光标定位到该表格。

02 选择【表】/【表选项】/【表设置】菜单命令，如图3-67所示。

03 打开"表选项"对话框中的"表设置"选项卡，选择"预览"复选框，在"外表框"栏的"粗细"数值框中输入"2"，在"颜色"下拉列表框中选择"C=0 M=100 Y=0 K=0"选项，单击 确定 按钮，如图3-68所示。

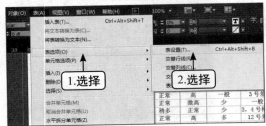

图3-67　设置表　　　　　　　　　　图3-68　设置表格的外框

04 选择【表】/【表选项】/【交替填色】菜单命令，打开"表选项"对话框，在"交替模式"下拉列表框中选择"每隔一列"选项，在"交替"栏中的"颜色"下拉列表框中选择"C=100 M=90 Y=10 K=0"选项，在"跳过最前"数值框中输入"1"，单击 确定 按钮，完成操作，如图3-69所示。

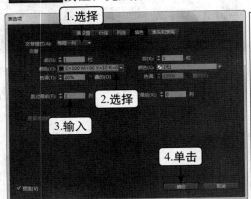

图3-69　设置交替填色

课后练习1 **调整"销售额"表格**

　　本次练习将以调整销售额表格为例，重点巩固置入Word文档中的表格、在表格中添加文本、调整表格列宽、插入行、合并单元格等操作，最终效果如图3-70所示。

素材文件	素材\第3章\销售额.doc
效果文件	效果\第3章\销售额.indd

练习提示：

（1）启动Indesign CC，新建空白文档，置入素材提供的"销售额"Word文档。

（2）在左上角第一个空白单元格输入"公司编号"。

（3）将"本期"单元格的列宽设置为"18"。

（4）选择"提高率"单元格和下方单元格，将其合并。

（5）选择最后一行"20871"单元格，在下方插入一行。

（6）在新插入的行最左边单元格中输入"合计"文本，即可完成对"销售额"单元格的调整。

销售额提高率表						
公司编号	销 售 额			提高率	顺位	上下判定
	本 期	前 期	前二期			
20147	4，650	4，480	4，060	107	14	下
20856	3，960	120	110	137.4	6	上
19515	2，830	2，980	3，260	93.2	19	下
20126	160	2，010	1，980	104.5	16	下
21846	1，820	1，220	840	147.2	4	上
18855	1，210	150	900	116	10	上
17634	1，080	990	950	106	15	下
20543	960	730	460	143	0	上
21469	840	980	160	85	20	下
20871	610	610	610	100.0	18	下
合计						

图3-70 "销售额"表格的效果

课后练习2 创建"出水水质"表格

本次练习将以为水质监测表格添加效果为例，重点巩固创建表格、输入文本、表格外框的设置，单元格的填色、交替填色等操作，最终效果如图3-71所示。

素材文件	无
效果文件	效果\第3章\水质监测.indd

出水水质					
日期	TN	TP	氨氮	SS	PH
7月17日	15.6	0.87	1.40	14	7.07
7月18日	17.2	0.75	1.12	15	6.98
7月19日	14.8	0.62	1.56	17	7.15
7月20日	16.5	1.05	0.98	12	7.02

图3-71 "水质监测"表格的效果

练习提示：

（1）在Indesign CC中新建空白文档，然后新建一个行数为"6"、列数为"6"的空白表格。

（2）将第一行全部单元格合并为一个单元格，然后在第一行中输入"出水水质"文本。

（3）在第二行单元格中依次输入效果图片显示的文本内容。

（4）全选表格，设置"居中对齐"，然后将表格"表外框"的粗细设置为"2"，"颜色"设置为"C=100 M=0 Y=0 K=0"；将"交替模式"设置为"每隔一行"，将"跳过最前"设置为"2"，将"颜色"设置为"C=75 M=5 Y=100 K=0"。

（5）将"TP"所在单元格的描边的"粗细"设置为"1"，颜色设置为"C=15 M=100 Y=100 K=0"。

（6）将"PH"所在列的单元格填色的"颜色"设置为"C=0 M=100 Y=0 K=0"，至此便完成全部的设置。

第4章
图形的绘制与
图像的编辑

　　图形是指由计算机绘制的直线、圆、矩形、曲线、图表等，在平面设计中有着重要的地位。有效地利用图形的视觉效果可吸引大众眼球，使读者更易于理解和接受它所传达的信息。本章将介绍图形图像的基本绘制和编辑方法，包括绘制图形、建立复合路径、图像的处理和编辑等内容。

直线是构成图形的最基本的元素之一，熟练掌握好直线的绘制和其属性的设置，能使作品的某些局部更加清晰、整洁。

素材文件	素材\第4章\菜单.indd
效果文件	效果\第4章\菜单.indd
动画演示	动画\第4章\055.swf

下面以在菜名下方绘制直线并设置其基本属性为例，介绍直线的绘制方法，其操作步骤如下。

01 打开素材提供的"菜单.indd"文档，单击左侧"工具栏"中的"直线工具"按钮，如图4-1所示。

02 在"青椒肉丝"文本下方拖动鼠标，创建一条"L"为"113.09毫米"的直线，如图4-2所示。

图4-1　选择"直线工具"

图4-2　创建直线

03 在版面上方"属性栏"中，双击"描边"按钮，如图4-3所示。

04 打开"拾色器"对话框，在"R"、"G"、"B"中分别输入"236"、"185"、"10"，单击　确定　按钮，如图4-4所示。

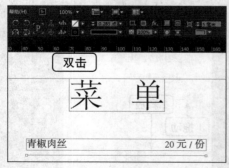

图4-3　设置描边

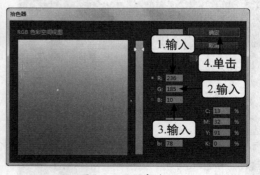

图4-4　设置颜色

05 在"粗细"数值框中输入"2"，按【Enter】键，在"类型"下拉列表框中选择"粗-粗"选项，如图4-5所示。

06 按【Ctrl+C】组合键复制该直线，然后按【Ctrl+V】组合键分别粘贴在每个菜名下面，最终效果如图4-5所示。

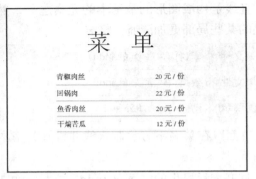

图4-5　设置粗细类型和最终效果

Example 实例 056 快速与精确创建矩形

矩形是设计创作过程中常用的图形，准确绘制矩形并设置其相应的属性也能提高作品的生动性。

素材文件	素材\第4章\留言板.indd
效果文件	效果\第4章\留言板.indd
动画演示	动画\第4章\056.swf

下面以创建留言板并设置其颜色为例，介绍快速和精确创建矩形的方法，其操作步骤如下。

01 打开素材提供的"留言板.indd"文档，单击左侧"工具栏"中的"矩形工具"按钮■，如图4-6所示。

02 在版面中的适当位置拖动鼠标，创建一个"W"为"30毫米"、"H"为"48毫米"的矩形，即可完成快速创建矩形的操作，如图4-7所示。

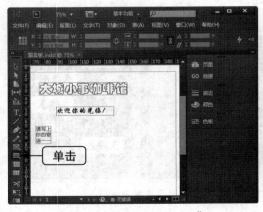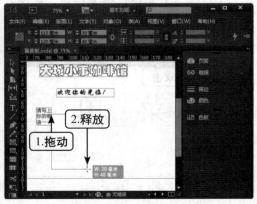

图4-6　选择"矩形工具"　　　　图4-7　快速创建矩形

03 在版面上方"属性栏"中，双击"填色"按钮☑，如图4-8所示。

04 打开"拾色器"对话框，在"R"、"G"、"B"中分别输入"35"、"225"、"5"，单击 确定 按钮，如图4-9所示。

图4-8 设置填色　　　　　　　　　　图4-9 设置填色颜色

05 继续在刚创建的矩形旁边单击鼠标，如图4-10所示。

06 打开"矩形"对话框，在"选项"栏中的"宽度"文本框中输入"30"、"高度"文本框中输入"48"，单击 确定 按钮，即可完成精确创建矩形的操作，如图4-11所示。

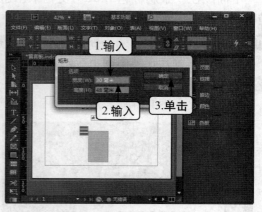

图4-10 创建矩形　　　　　　　　　　图4-11 设置宽度和高度

07 在版面上方"属性栏"中，双击"填色"按钮☑，在"拾色器"对话框中分别设置"R"、"G"、"B"为"35"、"120"、"250"，最终效果如图4-12所示。

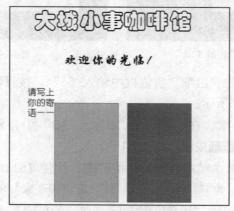

图4-12 最终效果图

专家课堂

快速画出正方形的方法

单击Indesign CC左侧"工具栏"中的"矩形工具"按钮■后，在文档中按住【Shift】键不放，拖动鼠标绘制出的图形便是标准的正方形。

Example 实例 **057 椭圆与正圆的创建**

椭圆是报刊、杂志或广告宣传文件中常见的图形元素，在Indesign CC中可以创建椭圆和正圆，并且能设置其属性，丰富椭圆和正圆的表现形式。

素材文件	素材\第4章\杂志标题.indd
效果文件	效果\第4章\杂志标题.indd
动画演示	动画\第4章\057.swf

下面以在"杂志标题.indd"文档中创建椭圆和正圆，然后设置其基本属性为例，介绍椭圆和正圆的创建方法，其操作步骤如下。

01 打开素材提供的"杂志标题.indd"文档，在"工具栏"中的"矩形工具"按钮■处单击鼠标右键，在弹出的下拉列表中选择"椭圆工具"选项，如图4-13所示。

02 在"视觉"文本下方拖动鼠标，创建一个"W"为"34毫米"、"H"为"10毫米"的椭圆，如图4-14所示。

图4-13 选择"椭圆工具"

图4-14 创建椭圆

03 在上方"属性栏"中的"粗细"数值框中输入"3"，按【Enter】键，然后双击"描边"按钮■，如图4-15所示。

04 打开"拾色器"对话框，在"R"、"G"、"B"中分别输入"190"、"5"、"150"，单击■■■确定■■■按钮，如图4-16所示。

05 在左侧"工具栏"中单击"椭圆工具"按钮●，按住【Shift】键不放，拖动鼠标在椭圆里面创建一个"W"为"10毫米"、"H"为"10毫米"的正圆，如图4-17所示。

06 在上方"属性栏"中双击"填色"按钮☑，在"拾色器"对话框中分别设置"R"、

"G"、"B"为"0"、"0"、"0"，即可完成所有操作。

图4-15 设置粗细和描边

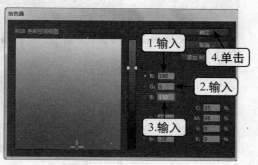

图4-16 设置描边颜色

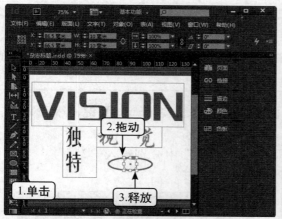

图4-17 创建正圆

Example 实例 **058 多边形的创建**

在Indesign CC中可以创建三条或三条以上，在同一平面且不在同一直线上的多线段首尾顺次连接且不相交的多边形。多边形的表现形式相当丰富，能为作品增色很多。

素材文件	素材\第4章\旅游导语.indd
效果文件	效果\第4章\旅游导语.indd
动画演示	动画\第4章\058.swf

下面以创建多边形并设置其边数和内陷为例，介绍多边形的创建方法，其操作步骤如下。

01 打开素材提供的"旅游导语.indd"文档，在"工具栏"中的"矩形工具"按钮 ■ 处单击鼠标右键，在弹出的下拉列表中选择"多边形工具"选项，如图4-18所示。

02 在版面处单击，打开"多边形"对话框，在"选项"栏中的"多边形宽度"文本框中输入"25"，"多边形高度"文本框中输入"13"，在"多边形设置"栏中的"边数"数值框中输入"10"，"星形内陷"数值框中输入"30"，单击 ■ 确定 ■ 按钮，如图4-19所示。

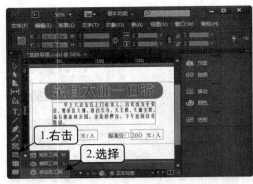

图4-18 选择"多边形工具"

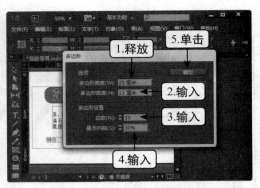

图4-19 设置大小、边数和内陷

专家课堂

多边形的内陷

　　多边形的内陷是指在每条边的中点位置往多边形内部凹陷，内陷百分比数值越大，凹陷的程度就越深。

03 在上方"属性栏"中的"粗细"数值框中输入"2"，按【Enter】键，然后双击"描边"按钮，如图4-20所示。

04 打开"拾色器"对话框，在"R"、"G"、"B"中分别输入"255"、"0"、"0"，单击 确定 按钮，如图4-21所示。

图4-20 设置粗细和描边

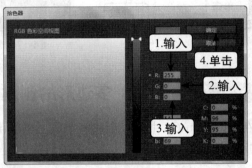

图4-21 设置描边颜色

05 在上方"属性栏"中的"X"数值框中输入"54"，按【Enter】键，"Y"数值框中输入"81"，按【Enter】键，如图4-22所示。

图4-22 设置多边形位置

Example 实例 059 使用铅笔工具绘制路径

在Indesign CC中除了使用基本绘图工具创建图形外，还可以使用徒手工具绘制图形，比如使用铅笔工具可以绘制出平滑的各种样式的图形。

素材文件	素材\第4章\印章.indd
效果文件	效果\第4章\印章.indd
动画演示	动画\第4章\059.swf

下面以使用铅笔工具绘制出一个印章并设置为红色、取消描边为例，介绍使用铅笔工具绘制路径的方法，其操作步骤如下。

01 打开素材提供的"印章.indd"文档，单击"工具栏"中的"铅笔工具"按钮 ，在版面中按住鼠标拖动，绘制出一个印章路径，如图4-23所示。

02 在上方"属性栏"中单击"描边"按钮 ，在弹出的下拉列表中选择"无"选项，如图4-24所示。

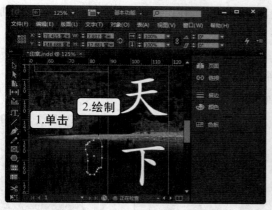

图4-23 绘制路径

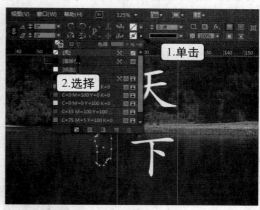

图4-24 取消描边

03 双击"描边"按钮 ，打开"拾色器"对话框，在"R"、"G"、"B"中分别输入"255"、"0"、"0"，单击 确定 按钮，如图4-25所示。

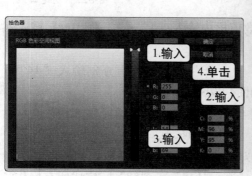

图4-25 设置填充颜色

专家课堂 ||||||||||||||||||||||||||||||||||||||||||||||||||||||||||||||||||||||||||||||||

如何快速打开"铅笔工具首选项"对话框
双击"工具栏"中的"铅笔工具"按钮▓即可快速打开"铅笔工具首选项"对话框。

Example 实例 060 **使用钢笔工具创建直线和曲线路径**

在绘制图形时，会频繁地使用钢笔工具，并且钢笔工具的功能也是相当强大的。使用钢笔工具可以绘制出多种路径，路径的组成包括直线段、曲线段、节点以及控制柄等。

素材文件	素材\第4章\微信.indd
效果文件	效果\第4章\微信.indd
动画演示	动画\第4章\060.swf

下面以使用钢笔工具创建直线和曲线并设置其粗细和颜色为例，介绍使用钢笔工具创建直线和曲线路径的方法，其操作步骤如下。

01 打开素材提供的"微信.indd"文档，单击"工具栏"中的"钢笔工具"按钮▓，在版面中单击，创建出曲线的一个节点，如图4-26所示。

02 按住鼠标向右侧拖动，绘制出一条曲线，如图4-27所示。

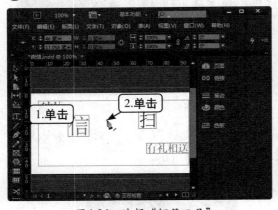

图4-26 选择"钢笔工具"

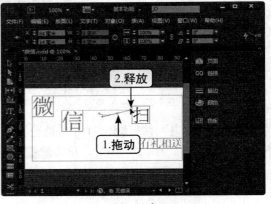

图4-27 创建曲线

03 在上方"属性栏"中的"粗细"数值框中输入"4"，按【Enter】键，然后双击"描边"按钮▓，如图4-28所示。

04 打开"拾色器"对话框，在"R"、"G"、"B"中分别输入"44"、"148"、"58"，单击▓▓▓ 确定 ▓▓▓按钮，如图4-29所示。

05 单击"钢笔工具"按钮▓，在"扫"文本左侧单击，然后在"扫"文本右侧水平对齐位置单击，创建出一条直线路径，如图4-30所示。

06 在"属性栏"中设置其"粗细"为"4"，打开"描边"的"拾色器"对话框，设置"R"、"G"、"B"分别为"44"、"148"、"58"，完成所有操作。

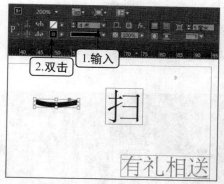

图4-28 设置粗细和描边

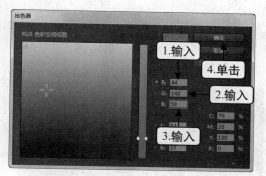

图4-29 设置描边颜色

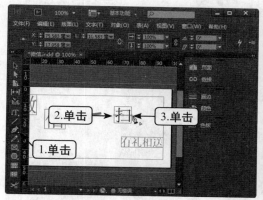

图4-30 创建直线

Example 实例 061 使用钢笔工具创建开放和封闭路径

封闭路径是指一条首尾相连的线段，呈封闭区域。而开放路径则是指一条首尾不相连的线段，可以是直线或者曲线，也可以是两者组合而成的开放区域。在Indesign CC中可以轻松绘制开放或者封闭路径。

素材文件	素材\第4章\真爱日.indd
效果文件	效果\第4章\真爱日.indd
动画演示	动画\第4章\061.swf

下面以使用钢笔工具创建开放和封闭曲线并设置其描边和填色为例，介绍使用钢笔工具创建开放和封闭路径的方法，其操作步骤如下。

01 打开素材提供的"真爱日.indd"文档，单击"钢笔工具"按钮，在版面中单击，创建出曲线的一个节点，如图4-31所示。

02 在该节点左上方按住鼠标拖动，绘制出一条曲线，如图4-32所示。

03 按照以上操作方法，依次在版面中创建直线和曲线，绘制出一个开放路径，如图4-33所示。

04 在"属性栏"中设置其"粗细"为"10"，打开"描边"的"拾色器"对话框，设置

"R"、"G"、"B"分别为"200"、"0"、"0"，即可完成对开放路径的"粗细"和"描边"颜色的设置。

05 单击"钢笔工具"按钮，在开放路径下方按住鼠标拖动，创建出一个封闭路径，如图4-34所示。

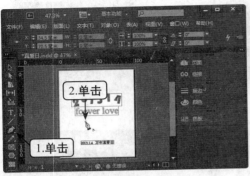

图4-31　选择"钢笔工具"

图4-32　创建曲线

图4-33　绘制开放路径

图4-34　绘制封闭路径

06 在"属性栏"中单击"描边"按钮右侧的下拉按钮，在弹出的下拉列表中选择"无"选项，如图4-35所示。

07 继续在"属性栏"中打开"填色"的"拾色器"对话框，设置"R"、"G"、"B"分别为"200"、"0"、"0"，即可完成所有操作。

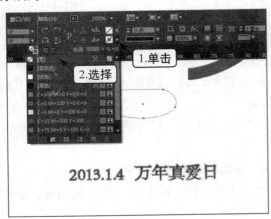

图4-35　设置描边

Example 实例 **062 调整路径形状**

在设计制作过程中，创建的路径图形很多时候不能一次达到所需效果，此时就需要反复修改图形，直至达到目标效果。Indesign CC提供的直接选择工具可以对图形上的节点进行修改，从而达到修改图形的目的。

素材文件	素材\第4章\服装吊牌.indd
效果文件	效果\第4章\服装吊牌.indd
动画演示	动画\第4章\062.swf

下面以使用直接选择工具调整"服装吊牌.indd"文档中图形上的节点为例，介绍调整路径形状的方法，其操作步骤如下。

01 打开素材提供的"服装吊牌.indd"文档，单击"直接选择工具"按钮，如图4-36所示。

02 将鼠标移动到需要调整的节点上，当鼠标变为状态时，按住鼠标拖动到适当位置，释放鼠标即可调整节点，如图4-37所示。

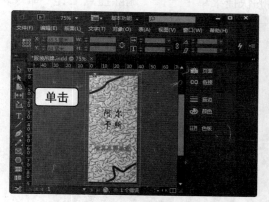

图4-36 选择"直接选择工具"

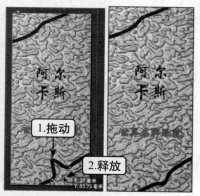

图4-37 调整节点

Example 实例 **063 设置路径上的节点**

路径上的节点是可以添加或者删除的，通过添加和删除节点能精确地控制图形的形状，从而使所绘图形更加美观。

素材文件	素材\第4章\爱心.indd
效果文件	效果\第4章\爱心.indd
动画演示	动画\第4章\063.swf

下面以添加和删除心形路径的节点为例，介绍设置路径上的节点的方法，其操作步骤如下。

01 打开素材提供的"爱心.indd"文档，单击"直接选择工具"按钮，然后在心形路径的边缘上单击，以选择该路径和显示节点，如图4-38所示。

02 单击"钢笔工具"按钮 ✏,将鼠标指针移动到心形路径上,当鼠标指针变为 ₄ 状态时单击,或者在"钢笔工具"按钮 ✏ 处单击鼠标右键,在弹出的快捷菜单中选择"添加描点工具"命令,也可在相应位置单击以添加节点,如图4-39所示。

图4-38 选择图形路径   图4-39 添加节点

03 将鼠标指针移动到需要删除的节点处,当鼠标指针变为 ₄ 状态时单击,或者在"钢笔工具"按钮处单击鼠标右键,在弹出的快捷菜单中选择"删除描点工具"命令,也可在该节点处单击以删除该节点,如图4-40所示。

图4-40 删除节点

Example **实例** **064 剪刀工具的使用**

剪刀工具是指把一个完整的路径(包括开放路径或者封闭路径)剪断为2部分或者更多的部分。在某些特定设计制作中,有时会需要使用该工具。

素材文件	素材\第4章\招聘.indd
效果文件	效果\第4章\招聘.indd
动画演示	动画\第4章\064.swf

下面以将多边形剪断为2部分并移动到适合位置为例,介绍剪刀工具的使用方法,其操作步骤如下。

01 打开素材提供的"招聘.indd"文档,单击"选择工具"按钮 ▸,然后单击多边形以选择该图形，如图4-41所示。

02 单击"工具栏"中的"剪刀工具"按钮✂，移动鼠标指针到该多边形路径上，当鼠标指针变为✂状态时，在需要剪断的位置单击即可，如图4-42所示。

图4-41 选择图形路径

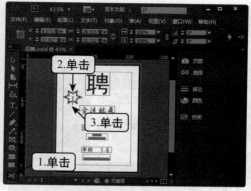
图4-42 剪断路径

03 单击"选择工具"按钮▶，选择刚剪断的右半部分，在上方"属性栏"中的"X"数值框中输入"82"，"Y"数值框中输入"57"，按【Enter】键，如图4-43所示。

04 按照相同操作方法，选择剪断的另一部分，在上方"属性栏"中设置"X"为"24毫米"，"Y"为"57毫米"，最后适当移动剪断后的图形，完成所有操作。

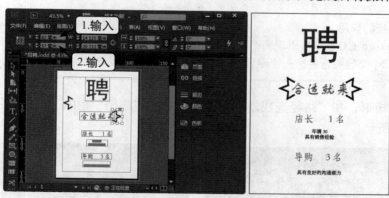
图4-43 调整图形大小

Example 实例 065 编辑路径

路径的编辑包括连接路径、开放路径和封闭路径等，通过对路径的编辑可以快速改变图形形状，以此来提高工作效率。

素材文件	素材\第4章\老姜汤.indd
效果文件	效果\第4章\老姜汤.indd
动画演示	动画\第4章\065.swf

下面以编辑素材提供的"老姜汤.indd"文档中的路径为例，介绍编辑不同路径的具体方法，其操作步骤如下。

01 打开素材提供的"老姜汤.indd"文档,单击"直接选择工具"按钮 ![按钮],按住鼠标拖动选择2条蓝色曲线,如图4-44所示。

02 选择【窗口】/【对象和面板】/【路径查找器】菜单命令,如图4-45所示。

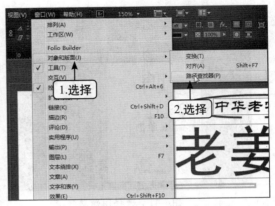

图4-44　选择路径　　　　　　　　　　　　　　图4-45　打开"路径查找器"面板

03 在"路径查找器"面板中,单击"路径"栏的"连接路径"按钮 ![按钮],如图4-46所示。

专家课堂

　　路径连接的作用
　　　　在Indesign CC中,当出现两个端点的路径连接时,连接前2个路径分别处于不同文本框内,连接后2个路径将合并为一个路径,并且处于同一文本框之中。

04 选择黄色矩形,在"路径查找器"面板中,单击"路径"栏的"开放路径"按钮 ![按钮],如图4-47所示。

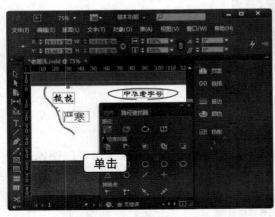

图4-46　连接路径　　　　　　　　　　　　　　图4-47　开放路径

05 拖动断开的节点到适当位置释放,如图4-48所示。

06 选择上方紫色的开放路径,在"路径查找器"面板中,单击"路径"栏的"封闭路径"按钮 ![按钮],如图4-49所示。

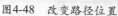

图4-48 改变路径位置

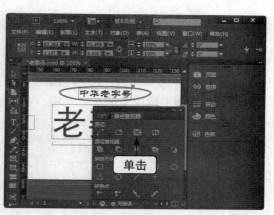

图4-49 封闭路径

07 至此便完成了编辑路径的所有操作，其效果如图4-50所示。

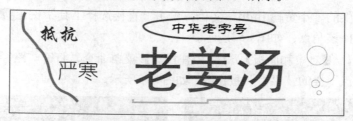

图4-50 最终效果

Example 实例 066 路径的反转

当出现绘制路径和实际需要的效果刚好相反时，Indesign CC为我们提供了快速简单的反转方法。

素材文件	素材\第4章\洗手间.indd
效果文件	效果\第4章\洗手间.indd
动画演示	动画\第4章\066.swf

下面以改变洗手间的箭头方向为例，介绍路径反转的方法，其操作步骤如下。

01 打开素材提供的"洗手间.indd"文档，选择箭头路径。

02 选择【窗口】/【对象和面板】/【路径查找器】菜单命令，打开"路径查找器"面板，单击"路径"栏的"反转路径"按钮 ，如图4-51所示。

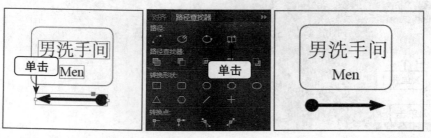

图4-51 反转路径

Example **实例** **O67** 节点的转换

节点一般情况下分为角点和平滑点，角点是指由两条直线组成，形成一定角度后，中间的交叉点就叫角点，角点的两侧是没有控制柄的；平滑点是指由一条曲线和直线或者两条曲线组成中间平滑位置的点，平滑点两侧是有控制柄的。在Indesign CC中可以轻松在角点和平滑点之间进行转换。

素材文件	素材\第4章\小黄帽.indd
效果文件	效果\第4章\小黄帽.indd
动画演示	动画\第4章\067.swf

下面以转换小黄帽角点为平滑点、平滑点为角点为例，介绍节点的转换方法，其操作步骤如下。

01 打开素材提供的"小黄帽.indd"文档，单击"直接选择工具"按钮，然后单击最右侧角点，选择该角点，如图4-52所示。

02 选择【窗口】/【对象和面板】/【路径查找器】菜单命令，打开"路径查找器"面板，单击"转换点"栏的"平滑"按钮，如图4-53所示。

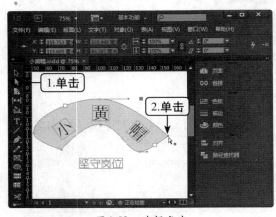

图4-52　选择角点

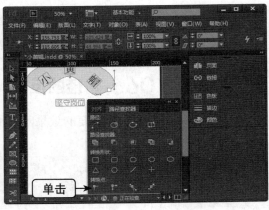

图4-53　转换为平滑点

03 按照相似的操作方法，选择右侧下方平滑点，然后在"路径查找器"面板中，单击"转换点"栏的"普通"按钮，即完成所有转换操作，如图4-54所示。

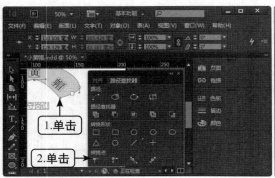

图4-54　转换为角点

Example 实例 068 转换路径形状

Indesign CC提供了直接将一种图形路径转换成另外一种图形路径的快捷按钮，这些图形路径包括矩形、椭圆、三角形、直线等基本图形。路径形状的直接转换节省了大量的设计时间，从而提升了工作效率。

素材文件	素材\第4章\抄手店.indd
效果文件	效果\第4章\抄手店.indd
动画演示	动画\第4章\068.swf

下面以转换三角形为反向圆角矩形、椭圆为斜面矩形为例，介绍转换路径形状的方法，其操作步骤如下。

01 打开素材提供的"抄手店.indd"文档，单击"选择工具"按钮 ，然后单击三角形路径，选择该路径，如图4-55所示。

02 选择【窗口】/【对象和面板】/【路径查找器】菜单命令，打开"路径查找器"面板，单击"转换形状"栏的"反向圆角矩形"按钮 ，如图4-56所示。

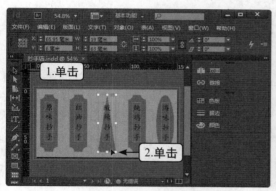

图4-55 选择三角形路径

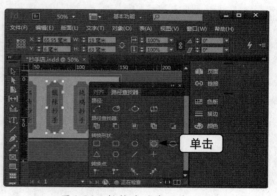

图4-56 转换为反向圆角矩形

03 选择椭圆路径，在"路径查找器"面板，单击"转换形状"栏的"斜面矩形"按钮 ，最终效果如图4-57所示。

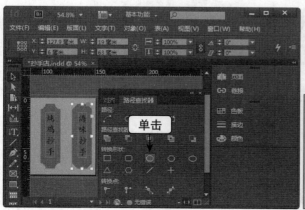

图4-57 转换为斜面矩形

Example 实例 069 使用路径查找器编辑多个形状

在Indesign CC中可以通过相加、相减、相交、重叠等操作将多个图形路径进行重新排列，以替代手绘特殊路径的效果。

素材文件	素材\第4章\旅游公司.indd
效果文件	效果\第4章\旅游公司.indd
动画演示	动画\第4章\069.swf

下面以排除重叠的2个圆形路径、圆形路径与矩形路径相减为例，介绍使用路径查找器编辑多个形状的方法，其操作步骤如下。

01 打开素材提供的"旅游公司.indd"文档，单击"选择工具"按钮，然后按住鼠标拖动选择2个重叠的圆形路径，在"路径查找器"面板中单击"路径查找器"栏中的"排列重叠"按钮，如图4-58所示。

02 按住鼠标拖动选择圆形和矩形重叠的路径，在"路径查找器"面板中单击"路径查找器"栏的"减去后方对象"按钮，如图4-59所示。

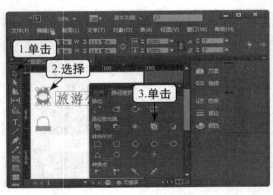

图4-58 排列重叠路径

图4-59 减去后方对象

03 在上方"属性栏"中的"X"数值框中输入"21.5"，"Y"数值框中输入"44"，最终效果如图4-60所示。

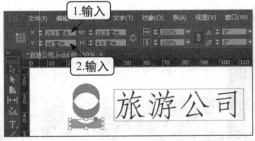

图4-60 最终效果

Example 实例 070 建立复合路径

复合路径是指将2个或者2个以上的路径图形混合在一起并产生镂空的效果，在实际的设计工作中该功能的使用较为频繁。

素材文件	素材\第4章\环保吊牌.indd
效果文件	效果\第4章\环保吊牌.indd
动画演示	动画\第4章\070.swf

下面以为素材提供的文档设置镂空效果为例，介绍建立复合路径的方法，其操作步骤如下。

01 打开素材提供的"环保吊牌.indd"文档，选择"椭圆工具"，按住【Shift】键不放拖动鼠标在吊牌路径上绘制一个正圆，如图4-61所示。

02 拖动鼠标只选择文档中的圆形和多边形，如图4-62所示。

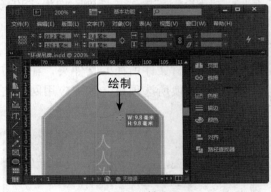

图4-61 绘制圆形

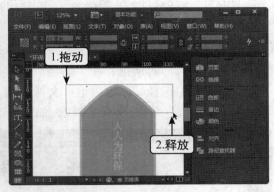

图4-62 选择圆形和多边形

03 选择【对象】/【路径】/【建立复合路径】菜单命令，或按【Ctrl+8】组合键，即可完成镂空效果的操作，如图4-63所示。

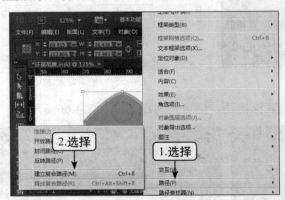

图4-63 建立复合路径

 专家课堂

复合路径的取消

当创建好复合路径后，选择【对象】/【路径】/【释放复合路径】菜单命令，即可取消复合路径的创建。

Example 实例 **071** 置入图像

置入图像即指把图片置入到Indesign CC版面中显示。在Indesign CC中置入图像是常用操作，熟练掌握好该操作是从事设计工作的基础。

素材文件	素材\第4章\冰天雪地.jpeg
效果文件	效果\第4章\冰天雪地.indd
动画演示	动画\第4章\071.swf

下面以置入素材提供的照片为例，介绍置入图像的方法，其操作步骤如下。

01 创建一个宽度为"180毫米"，高度为"130毫米"，出血的"上"、"下"、"内"、"外"均为"3毫米"，边距的"上"、"下"、"内"、"外"均为"20毫米"的空白文档。

02 选择【文件】/【置入】菜单命令，或者按【Ctrl+D】组合键，如图4-64所示。

03 打开"置入"对话框，在"路径"下拉列表框中选择素材文件所在的文件夹，在下方的列表框中选择"冰天雪地"文件选项，取消选择"替换所选项目"和"应用网格格式"复选框，单击 打开(O) 按钮，如图4-65所示。

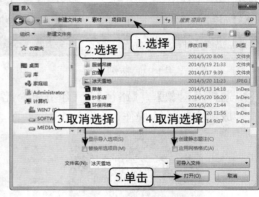

图4-64 选择置入图像　　　　　　　　　　图4-65 选择需置入的图像

04 在版面左上角处单击，或者按住鼠标拖动，便可置入图像，如图4-66所示。

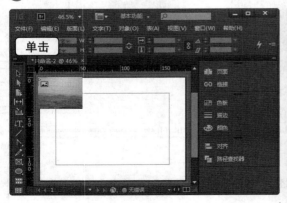

图4-66 单击置入图像

072 对象的选择

在Indesign CC中可以逐个地连续增加或者减少选择需要编辑的对象，也可以拖动鼠标框选需要编辑的对象。

素材文件	素材\第4章\圣诞帽.indd
效果文件	无
动画演示	动画\第4章\072.swf

下面以框选两个圣诞帽，加选第三个圣诞帽后再减选为两个圣诞帽为例，介绍对象的选择方法，其操作步骤如下。

01 打开素材提供的"圣诞帽.indd"文档，按住鼠标拖动选择前两个圣诞帽，如图4-67所示。

02 按住【Shift】键不放单击第三个圣诞帽，即可同时选择三个圣诞帽，如图4-68所示。

03 按住【Shift】键不放单击上面第一个圣诞帽，即可减选第一个圣诞帽，只选择下面两个圣诞帽，如图4-69所示。

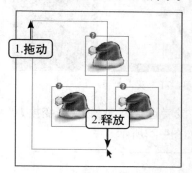

图4-67　框选对象

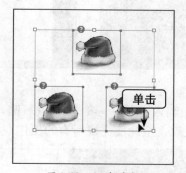

图4-68　加选对象

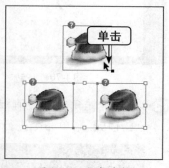

图4-69　减选对象

Example 实例 073 对象的移动、缩放和旋转

对象的移动、缩放和旋转是编辑对象最常用的操作步骤，熟练掌握这些操作可以有效地提高工作效率，使得编辑工作能轻松地进行。

素材文件	素材\第4章\篮球.indd
效果文件	效果\第4章\篮球.indd
动画演示	动画\第4章\073.swf

下面以移动人物到适当位置，并缩放人物为原来的一倍后再旋转5°为例，介绍对象的移动、缩放和旋转方法，其操作步骤如下。

01 打开素材提供的"篮球.indd"文档，选择人物对象，在上方"属性栏"中单击"参考点"中的右上角标记▣，在"X"数值框中输入"67"，"Y"数值框中输入"45"，按【Enter】键，或拖动鼠标完成，如图4-70所示。

专家课堂

参考点的含义

参考点是指对象进行缩放和旋转操作时，对象的9个参考点中的其中一个位置会固定不变，比如选择右上角的参考点，那么放大或者缩小对象时将沿左下方进行缩放，右上角将不会发生改变。

02 在"X缩放百分比"数值框右侧单击"约束缩放比例"按钮，使其变为状态，然后在"X缩放百分比"数值框中输入"200"，按【Enter】键，或者按住【Ctrl+Shift】组合键不放，将鼠标指针移动到对象图形的参考点上拖动，进行等比缩放，如图4-71所示。

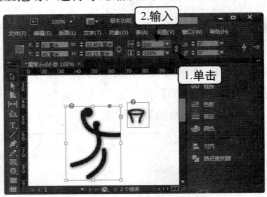

图4-70　移动对象　　　　　　　　　　　图4-71　放大对象

03 在"旋转角度"数值框中输入"5"，按【Enter】键，或者选择【对象】/【变换】/【旋转】菜单命令进行设置，至此便完成所有的操作，如图4-72所示。

图4-72　旋转对象

Example 实例 **074 复制对象和翻转对象**

在Indesign CC中复制对象分为拖动复制、原位复制、多重复制等；翻转对象分为水平翻转和垂直翻转，我们可根据实际需要选择不同的复制和翻转方法。合理运用这些操作既节省了时间又能得到较好的设计效果。

素材文件	素材\第4章\拳击.indd
效果文件	效果\第4章\拳击.indd
动画演示	动画\第4章\074.swf

下面以原位复制人物并将其进行水平翻转，然后进行多重复制效果为例，介绍复制对象的方法，其操作步骤如下。

01 打开素材提供的"拳击.indd"文档，选择人物对象后，选择【编辑】/【复制】菜单命令，或者按【Ctrl+C】组合键，如图4-73所示。

02 选择【编辑】/【原位粘贴】菜单命令，如图4-74所示。

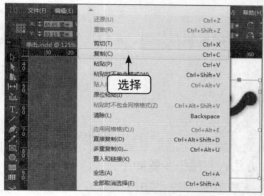

图4-73 复制对象

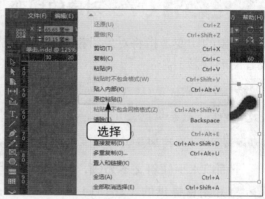

图4-74 原位粘贴对象

03 在上方"属性栏"中单击"参考点"中的右中间标记 ■，然后单击"水平翻转"按钮 ，如图4-75所示。

04 利用"工具栏"中的"选择工具"选择效果图双竖线，然后选择【编辑】/【多重复制】菜单命令，如图4-76所示。

图4-75 水平翻转对象

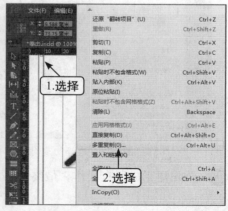

图4-76 选择多重复制对象

05 打开"多重复制"对话框，选择"预览"复选框，在"重复"栏的"计数"数值框中输入"6"，在"位移"栏的"垂直"数值框中输入"0"，在"水平"数值框中输入"20"，单击 确定 按钮，效果如图4-77所示。

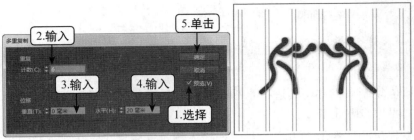

图4-77　设置多重复制数量和位置

Example 实例 075 对象的切变

对象的切变是指将对象沿指定的水平或者垂直方向做倾斜处理，常用在制作倾斜文本或者图形投影上。

素材文件	素材\第4章\201314.indd
效果文件	效果\第4章\201314.indd
动画演示	动画\第4章\075.swf

下面以水平倾斜文本为例，介绍对象的切变方法，其操作步骤如下。

01 打开素材提供的"201314.indd"文档，选择最下面一行"2013.1.4 万年真爱日"文本，选择【对象】/【变换】/【切变】菜单命令，如图4-78所示。

02 打开"切变"对话框，选择"预览"复选框，在"切变角度"文本框中输入"20"，单击 确定 按钮，如图4-79所示。

图4-78　选择切变对象

图4-79　设置切变角度

03 至此便完成所有操作，最终效果如图4-80所示。

专家课堂

快速切变对象的方法

在"属性栏"中的"X切变角度"数值框快速设置便可更改切变的角度。

图4-80　最终效果

Example 实例 076 对齐与分布对象

对齐对象包括左对齐、顶对齐、底对齐等不同对齐方式；分布对象是指将对象以按顶分布、垂直居中分布、按左分布等多种分布方式。当需要将大量图形或者文本对象进行有规则的布局时，可以使用Indesign CC提供的对齐和分布对象功能。

素材文件	素材\第4章\保龄球.indd
效果文件	效果\第4章\保龄球.indd
动画演示	动画\第4章\076.swf

下面以底对齐并且按左分布保龄球为例，介绍对齐与分布对象的方法，其操作步骤如下。

01 打开素材提供的"保龄球.indd"文档，按住【Shift】键不放依次加选七个保龄球瓶，如图4-81所示。

02 选择【窗口】/【对象和版面】/【对齐】菜单命令，或者按【Shift+F7】组合键，如图4-82所示。

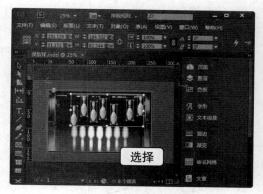

图4-81 选择保龄球瓶

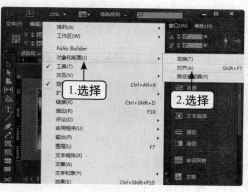

图4-82 选择对齐方式

03 打开"对齐"面板，单击"分布对象"栏的"对齐"按钮，在弹出的下拉菜单中选择"对齐关键对象"命令，如图4-83所示。

04 继续单击"对齐对象"栏的"底对齐"按钮，如图4-84所示。

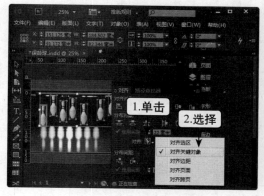

图4-83 设置对齐关键对象

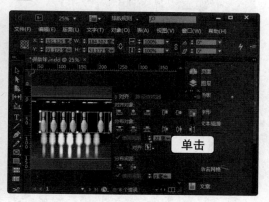

图4-84 设置底对齐

05 在"分布对象"栏中选择"使用间距"复选框,在右侧的"使用间距"数值框中输入"22",然后单击"按左对齐"按钮 ,即完成所有的操作,如图4-85所示。

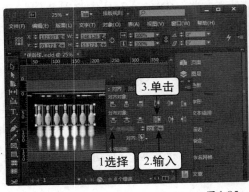

图4-85　设置按左对齐和间距

Example 实例 077 调整对象叠放顺序

在设计制作过程中,如遇到对象之间相互重叠而不能显示或者不能完全显示所需对象时,可以使用Indesign CC的排列功能来调整对象的叠放顺序。

素材文件	素材\第4章\灯笼\福.indd、灯笼.png
效果文件	效果\第4章\灯笼.indd
动画演示	动画\第4章\077.swf

下面以置入素材提供的"灯笼"图片并将其置为底层为例,介绍调整对象叠放顺序的方法,其操作步骤如下。

01 打开素材提供的"福.indd"文档,然后按【Ctrl+D】组合键置入素材提供的"灯笼"图片。

02 选择【对象】/【排列】/【置为底层】菜单命令,或者按【Ctrl+Shift+[】组合键,即可完成操作,如图4-86所示。

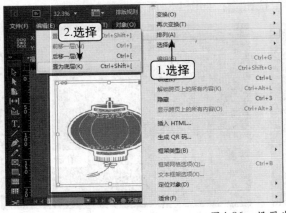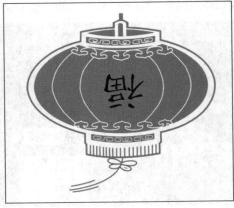

图4-86　设置为底层

Example 实例 078 对象的编组

在实际工作中有时需要对多个图形进行相同的操作，此时可以将这些图形捆绑在一起组合成一个对象，即对象的编组。

素材文件	素材\第4章\老字号.indd
效果文件	效果\第4章\老字号.indd
动画演示	动画\第4章\078.swf

下面以组合3个对象为1组并将其移动到适当位置为例，介绍对象的编组方法，其操作步骤如下。

01 打开素材提供的"老字号.indd"文档，然后框选"抵抗"、"严寒"文本和左侧的蓝色曲线，如图4-87所示。

02 选择【对象】/【编组】菜单命令，或者按【Ctrl+G】组合键，如图4-88所示。

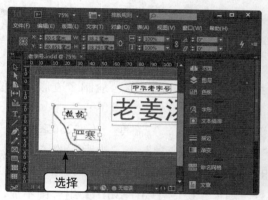

图4-87 选择对象

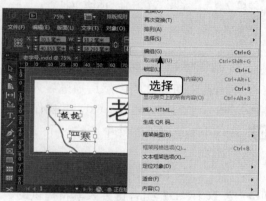

图4-88 设置编组

03 在上方"属性栏"中的"X"数值框中输入"35"，"Y"数值框中输入"21"，按【Enter】键完成操作，效果如图4-89所示。

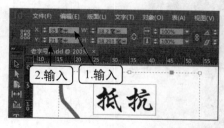

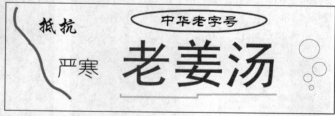

图4-89 移动对象

专家课堂

对象的锁定和解锁

编辑大量对象时，可以将不需要编辑的对象暂时锁定，以避免无意中移动或者改变其原状。锁定对象方法为：选择对象后，选择【对象】/【锁定】菜单命令，或者按【Ctrl+L】组合键即可将其锁定，按【Ctrl+Alt+L】组合键，可以将锁定的对象解锁。

综合项目 **抽奖活动的设计**

本章通过多个范例对Indesign CC的图形绘制与图像编辑进行了详细讲解，下面将通过综合范例对这些操作进行巩固练习。本范例将重点涉及置入图像、绘制图形路径、对象的移动和旋转、复制粘贴对象、编辑路径等操作，具体流程如图4-90所示。

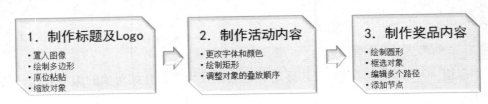

图4-90　操作流程示意图

素材文件	素材\第4章\抽奖活动\背景.jpg、活动内容.doc、1奖、2奖、3奖.doc
效果文件	效果\第4章\抽奖活动.indd
动画演示	动画\第4章\4-1.swf、4-2.swf、4-3.swf

1. 制作标题及Logo

下面首先新建文档，然后通过置入图像、缩放及旋转和移动对象、绘制多边形、原位粘贴等操作来制作标题及Logo，其操作步骤如下。

01 在Indesign CC软件中新建一个"宽度"为"190毫米"，"高度"为"250毫米"，"出血"的"上"、"下"、"内"、"外"均为"3毫米"，"边距"的"上"、"下"、"内"、"外"均为"10毫米"的空白文档。

02 按【Ctrl+D】组合键置入素材提供的"背景"图片，按住【Ctrl+Shift】组合键不放，拖动图像右下角到适当位置，如图4-91所示。

03 选择【对象】/【锁定】菜单命令，如图4-92所示。

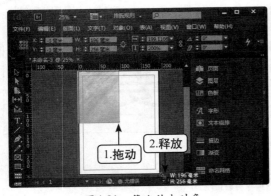

图4-91　等比放大对象

图4-92　锁定对象

04 利用"文字工具"创建"名片抽奖"文本，按【Ctrl+A】组合键全选文本，然后在"字体大小"数值框中输入"48"，按【Enter】键，如图4-93所示。

05 双击上方"属性栏"中的"填色"按钮，如图4-94所示。

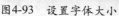

图4-93 设置字体大小

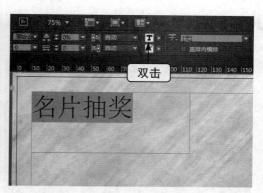

图4-94 选择填色

06 打开"拾色器"对话框，在"R"、"G"、"B"文本框中分别输入"30"、"38"、"138"，单击 确定 按钮，如图4-95所示。

07 单击"描边"按钮右侧的下拉按钮，在弹出的下拉列表中选择"纸色"选项，如图4-96所示。

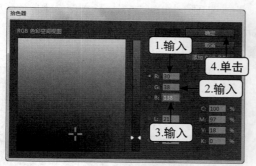

图4-95 设置颜色

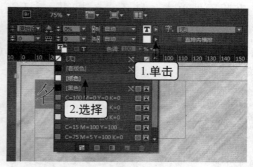

图4-96 设置描边颜色

08 单独选择"奖"文本，设置其颜色的"R"、"G"、"B"分别为"255"、"0"、"0"，如图4-97所示。

09 再在上方"属性栏"中的"字体大小"数值框中输入"100"，按【Enter】键，如图4-98所示。

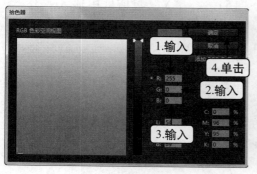

图4-97 设置颜色

图4-98 设置字体大小

10 按【Esc】键退出文本编辑状态，选择该文本框，在"属性栏"中的"旋转角度"数值框中输入"-15"，按【Enter】键，如图4-99所示。

⑪ 在"属性栏"中的"X"数值框中输入"67","Y"数值框中输入"44",如
图4-100所示。

图4-99　旋转对象

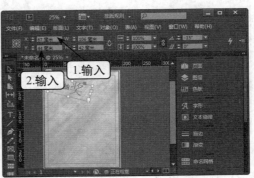

图4-100　移动文本框

⑫ 在"工具栏"中的"矩形工具"按钮⬛处单击鼠标右键,在弹出的快捷菜单中选择
"多边形工具"命令,如图4-101所示。

⑬ 在版面处单击,打开"多边形"对话框,在"选项"栏的"多边形宽度"和"多边形
高度"文本框中都输入"35",在"多边形设置"栏的"边数"数值框中输入"5",
"星形内陷"数值框中输入"0",单击 确定 按钮,如图4-102所示。

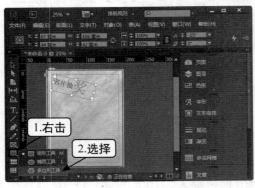

图4-101　选择"多边形工具"

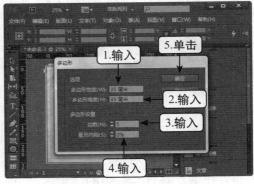

图4-102　设置多边形参数

⑭ 在"属性栏"中的"X"数值框中输入"151","Y"数值框中输入"38",按
【Enter】键,如图4-103所示。

⑮ 继续在"属性栏"中双击"填色"按钮⬚,如图4-104所示。

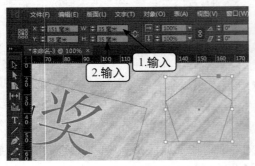

图4-103　移动多边形

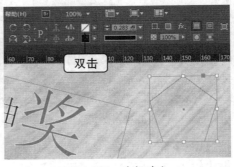

图4-104　选择填色

⓰ 打开"拾色器"对话框，在"R"、"G"、"B"文本框中分别输入"30"、"38"、"138"，单击 确定 按钮，如图4-105所示。

⓱ 按【Ctrl+C】组合键复制该多边形，然后选择【编辑】/【原位粘贴】菜单命令，如图4-106所示。

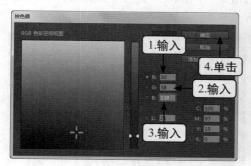

图4-105　设置多边形颜色

图4-106　原位粘贴对象

⓲ 在"属性栏"中的"W"数值框和"H"数值框中都输入"30"，按【Enter】键，如图4-107所示。

⓳ 继续在"属性栏"中的"粗细"文本框中输入"2"，按【Enter】键，双击"描边"按钮 ，如图4-108所示。

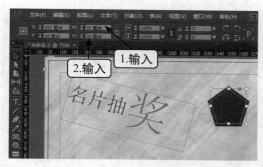

图4-107　缩放对象

图4-108　设置粗细和描边

⓴ 打开"拾色器"对话框，在"R"、"G"、"B"文本框中分别输入"205"、"173"、"49"，单击 确定 按钮，此时便完成了标题和Logo的设置，如图4-109所示。

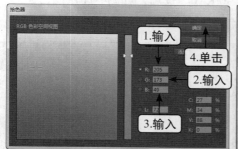

图4-109　设置颜色

2. 制作活动内容

下面首先置入活动内容文档，然后通过更改字体和颜色、绘制矩形及调整对象的叠放顺序等操作来设置活动内容，其操作步骤如下。

01 置入素材提供的文档内容，然后按【Ctrl+A】组合键全选择文本，在"属性栏"中的"字体"下拉列表框中选择"华文行楷"选项，如图4-110所示。

02 框选"更多惊喜 敬请期待"文本，在"属性栏"中单击"填色"按钮 ，在弹出的下拉列表中选择"纸色"选项，如图4-111所示。

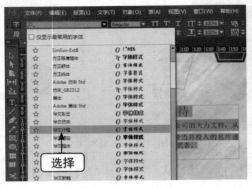
图4-110　更改字体

图4-111　设置文本填充颜色

03 单击"工具栏"中的"矩形工具"按钮 ，如图4-112所示。

04 按住鼠标拖动绘制一个包围"活动内容"文本的矩形路径，如图4-113所示。

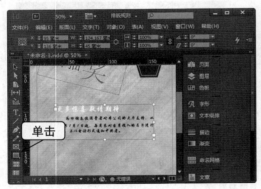
图4-112　选择"矩形工具"

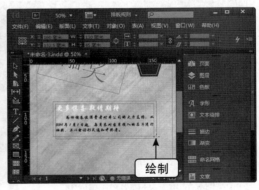
图4-113　绘制矩形

05 在"填色"下拉列表中选择"C=0 M=100 Y=0 K=0"选项，如图4-114所示。

06 选择【对象】/【排列】/【后移一层】菜单命令，如图4-115所示。

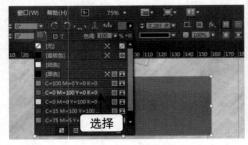
图4-114　选择"填色"颜色

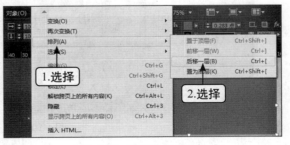
图4-115　调整对象叠放顺序

07 至此便完成活动内容的制作，最终效果如图4-116所示。

图4-116　最终效果

3. 制作奖品内容

下面将通过绘制圆形、框选对象、编辑多个路径、添加节点等操作来设置奖品内容，其操作步骤如下。

01 在"工具栏"中的"矩形工具"按钮 ▣ 处单击鼠标右键，在弹出的快捷菜单中选择"椭圆工具"命令，如图4-117所示。

02 按住【Shift】键不放拖动鼠标绘制一个"W"和"H"都为"46毫米"的正圆，如图4-118所示。

图4-117　选择"椭圆工具"

图4-118　绘制正圆

03 将"填色"的"R"、"G"、"B"分别设置为"179"、"53"、"34"，如图4-119所示。

04 按【Ctrl+C】组合键复制该圆形路径，选择【编辑】/【原位粘贴】菜单命令，如图4-120所示。

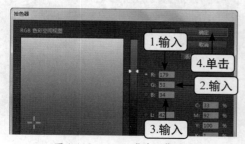

图4-119　设置"填色"颜色

图4-120　原位粘贴对象

05 在上方"属性栏"中单击"参考点"中心标记 ▣ ，然后在"W"和"H"数值框中都输入"35"，按【Enter】键，如图4-121所示。

06 单击"选择工具"按钮，按住鼠标拖动选择两个圆形路径，如图4-122所示。

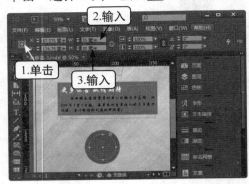

图4-121　缩小对象

图4-122　框选对象

07 选择【窗口】/【对象和版面】/【路径查找器】菜单命令，如图4-123所示。

08 打开"路径查找器"面板，单击"路径查找器"栏的"减去"按钮，如图4-124所示。

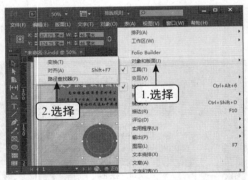

图4-123　选择"路径查找器"

图4-124　从底层减去顶层

09 在"工具栏"中选择"钢笔工具"，如图4-125所示。

10 将鼠标指针移动到外圆圆形路径的左下方，当鼠标指针变为状态时单击，添加2个节点，如图4-126所示。

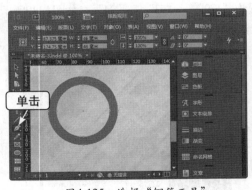

图4-125　选择"钢笔工具"

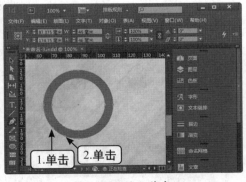

图4-126　添加节点

11 在"工具栏"中选择"直接选择工具"，如图4-127所示。

12 按住鼠标拖动框选下面新添加的节点，如图4-128所示。

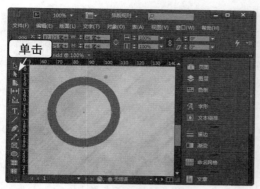

图4-127　选择"直接选择工具"

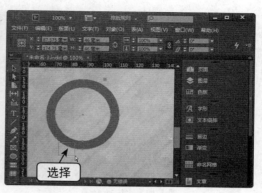

图4-128　选择节点

⑬　按住鼠标拖动该节点到适当位置，如图4-129所示。

⑭　在"属性栏"中的"X"数值框中输入"48"，"Y"数值框中输入"168"，按
【Enter】键，如图4-130所示。

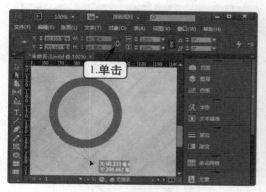

图4-129　拖动节点

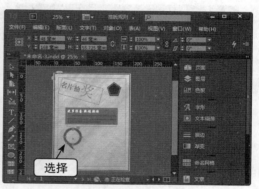

图4-130　移动对象

⑮　原位粘贴一个该图形，然后单击"属性栏"中"参考点"右中间标记⬚，如图4-131所示。

⑯　在"属性栏"中单击"水平翻转"按钮⬚，如图4-132所示。

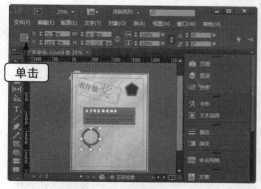

图4-131　选择参考点

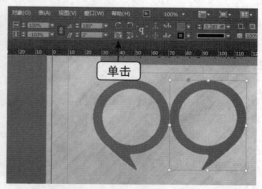

图4-132　水平翻转对象

⑰　继续在"属性栏"中的"X"数值框中输入"122"，"Y"数值框中输入"182"，按
【Enter】键，如图4-133所示。

⑱　原位粘贴一个该图形，然后单击"属性栏"中"参考点"下中间标记⬚，如图4-134所示。

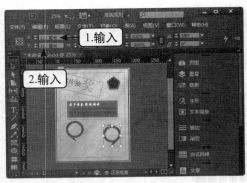

图4-133 移动对象

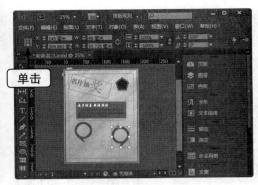

图4-134 选择参考点

⑲ 在"属性栏"中单击"垂直翻转"按钮，如图4-135所示。

⑳ 继续在"属性栏"中的"X"数值框中输入"90"，"Y"数值框中输入"184"，按【Enter】键，如图4-136所示。

图4-135 垂直翻转对象

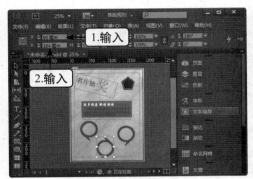

图4-136 移动对象

㉑ 置入素材提供的"1奖.doc"文档，在"属性栏"中设置"X"为"48毫米"，"Y"为"177"毫米，"W"为"31毫米"，"H"为"26毫米"，如图4-137所示。

㉒ 置入素材提供的"2奖.doc"文档，在"属性栏"中设置"X"为"145毫米"，"Y"为"191"毫米，"W"为"31毫米"，"H"为"26毫米"，如图4-138所示。

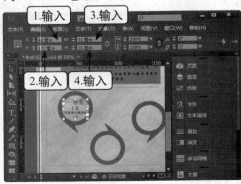

图4-137 设置文本框属性

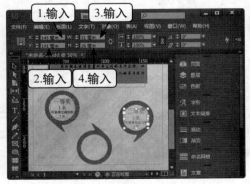

图4-138 设置文本框属性

㉓ 置入素材提供的"3奖.doc"文档，在"属性栏"中设置"X"为"90毫米"，"Y"为"233"毫米，"W"为"28毫米"，"H"为"28毫米"，至此便完成所有的操

作，如图4-139所示。

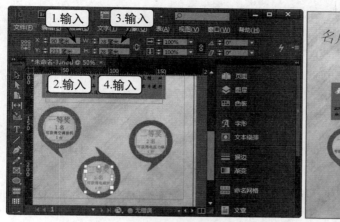

图4-139 设置文本框属性

课后练习1 建筑物海报制作

本次练习将以制作建筑物海报为例，重点巩固绘制图形、原位粘贴、旋转和缩放对象、置入图像等操作，最终效果如图4-140所示。

素材文件	素材\第4章\建筑物.jpg
效果文件	效果\第4章\建筑物海报.indd

练习提示：

（1）启动Indesign CC，新建一个"宽度"为"210毫米"，"高度"为"220毫米"，"出血"的"上"、"下"、"内"、"外"均为"3毫米"，"边距"的"上"、"下"、"内"、"外"均为"0毫米"的空白文档。

（2）创建一个同面板一样大小的文本框并设置"填色"为："R"为"156"、"G"为"18"、"B"为"130"，然后将其锁定。

（3）利用"钢笔工具"绘制一片叶子。

（4）将叶子原位粘贴一个，然后通过属性栏将其旋转90°。

（5）继续原位粘贴一个相同的叶子并旋转180°。

图4-140 建筑物海报效果

（6）框选3片叶子并设置"填色"为："R"为"255"、"G"为"255"、"B"为"255"。

（7）再次同时原位粘贴3片叶子，然后设置"X缩放比"和"Y缩放比"都为"60%"并设置"填色"为："R"为"231"、"G"为"31"、"B"为"25"。

（8）框选6片叶子将它们进行编组，然后设置其"X"为"158毫米"、"Y"为"202毫米"、"W"为"84毫米"、"H"为"51毫米",最后将其"不透明度"设置为"25%"。

(9)创建竖排文本"经典欧式",设置"字体"为"方正舒体","字体大小"为"72","填色"为:"R"为"216"、"G"为"211"、"B"为"94"。

(10)移动该文本到"X"为"34毫米"、"Y"为"138毫米"处。

(11)创建竖排文本"你的首选",设置"字体"为"华文行楷","字体大小"为"48","填色"为:"R"为"255"、"G"为"252"、"B"为"251"。

(12)移动该文本到"X"为"65毫米"、"Y"为"175毫米"处。

(13)置入素材提供的"建筑物"图片,进行等比缩放为:"W"为"119毫米"、"H"为"79毫米"。

(14)移动该图片到"X"为"145毫米"、"Y"为"105毫米"处。

(15)最后进行"基本羽化"设置,设置其"羽化宽度"为"15毫米",至此便完成了所有的制作步骤。

课后练习2 鲜花坊招牌制作

本次练习将以制作鲜花坊招牌为例,重点巩固等比缩放、翻转对象、调整对象叠放顺序、对象的切变等操作,最终效果如图4-141所示。

素材文件	素材\第4章\鲜花坊.indd、鲜花.jpg、玫瑰.png
效果文件	效果\第4章\鲜花坊招牌.indd

练习提示:

(1)启动Indesign CC,打开素材提供的"鲜花坊.indd"文档。

(2)置入"鲜花"图片,然后进行等比缩放,大小为:"W"为"57毫米"、"H"为"44毫米",并将其移动到文档中的"X"为"46毫米"、"Y"为"91毫米"处。

(3)水平翻转"鲜花"图片,选择【对象】/【排列】/【后移一层】菜单命令,将其后移一层。

(4)置入"玫瑰"图片,然后进行等比缩放为:"W"为"29毫米"、"H"为"29毫米",并移动到"X"为"152毫米"、"Y"为"69毫米"处。

(5)将此图片旋转"-30°",至此便完成了所有的制作步骤。

图4-141 鲜花坊招牌效果

第5章
颜色与效果的应用

　　颜色的应用是设计的一个重要部分，无论其运用"好"与"坏"，它都直接影响着客户与消费者的情感取向。在Indesign CC中不仅能运用各种颜色效果，而且还能将编辑好的颜色存储或者删除。本章将重点介绍色板的创建、管理及应用，描边的控制及应用，各种效果的处理等内容。

通过色板可以创建单色颜色，并将其快速应用于对象，在Indesign中可以快速轻松创建单色颜色。

素材文件	素材\第5章\地产广告语.indd
效果文件	效果\第5章\地产广告语.indd
动画演示	动画\第5章\079.swf

下面以创建名为"主题"的颜色并应用于文本中为例，介绍创建单色色板并应用颜色的方法，其操作步骤如下。

01 打开素材提供的"地产广告语.indd"文档，然后选择【窗口】/【颜色】/【色板】菜单命令，或者按【F5】键，如图5-1所示。

02 在"色板"面板中单击右上方的"展开菜单"按钮，在弹出的下拉菜单中选择"新建颜色色板"命令，如图5-2所示。

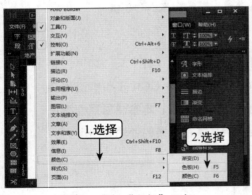

图5-1　选择"色板"面板

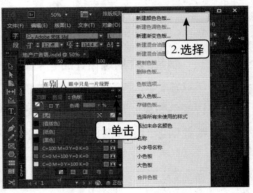

图5-2　选择"新建颜色色板"

03 取消选择"以颜色值命名"复选框，如图5-3所示。

04 在"色板名称"文本框中输入"主题"文本，在"颜色模式"下拉列表框中选择"RGB"选项，分别将下方"红色"、"绿色"、"蓝色"三色的滑块拖动到"163"、"203"、"46"处，单击 确定 按钮，如图5-4所示。

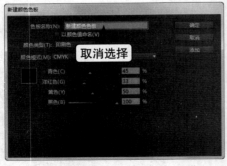

图5-3　设置色板名称

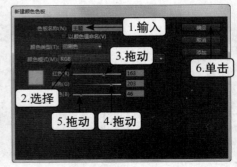

图5-4　设置名称和颜色

05 选择"人居仙境"文本，然后选择"色板"面板中的"主题"选项，将创建的颜色应用于选择的文本上，如图5-5所示。

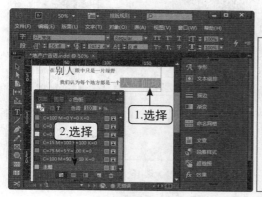

图5-5　填充文本颜色

080 创建渐变色板并应用颜色

渐变填充是设计工作中经常使用的填充颜色方式之一，它与单色填充最大的区别是渐变填充由2种或2种以上的颜色组成。

素材文件	素材\第5章\服装吊牌.indd
效果文件	效果\第5章\服装吊牌.indd
动画演示	动画\第5章\080.swf

下面以创建渐变颜色并以三色渐变应用于文本框为例，介绍创建渐变色板并应用颜色的方法，其操作步骤如下。

01 打开素材提供的"服装吊牌.indd"文档，利用"选择工具"选择"世界名牌服装"文本所在的文本框。

02 在"工具栏"中双击"渐变色板工具"按钮 ，如图5-6所示。

03 打开"渐变"面板，在"类型"下拉列表框中选择"线性"选项，如图5-7所示。

图5-6　打开"渐变"色板

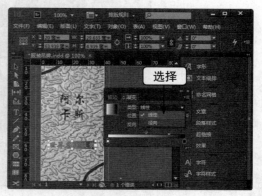

图5-7　选择线性渐变

04 单击左下方的"色标"标记 ，以选择此"色标"，如图5-8所示。

05 选择【窗口】/【颜色】/【颜色】菜单命令，或按【F6】键，如图5-9所示。

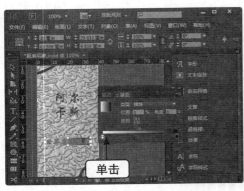

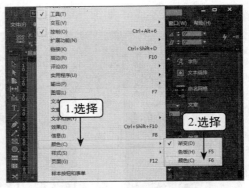

图5-8 选择"色标" 　　　　　图5-9 选择"颜色"面板

06 在"颜色"面板中将"Y"滑块拖动到最右侧，如图5-10所示。

07 在"渐变"面板中单击"色条"下方以创建一个"色标"，如图5-11所示。

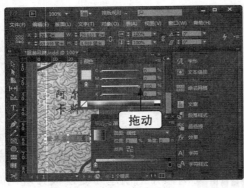

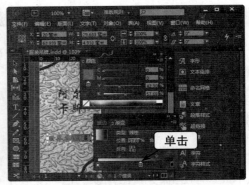

图5-10 设置颜色 　　　　　图5-11 创建"色标"

08 在"颜色"面板中将"M"滑块拖动到最右侧，至此便完成三色渐变的填充设置，如图5-12所示。

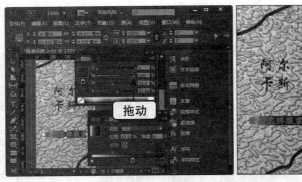

图5-12 设置颜色

专家课堂

色标的删除

　　在需要删除的色标上按住鼠标将其拖动到"渐变"面板以外，释放鼠标后即可删除该色标。需要注意的是，色标不能低于2个，即只有2个色标时是不能再删除其中之一的。

Example 实例 〇81 **色板的管理**

在色板中可以进行编辑、复制、删除、存储等各种操作，熟练掌握好色板的管理操作，可以使我们在运用色板填充颜色时更加得心应手。

素材文件	素材\第5章\环保吊牌.indd、心红.ase
效果文件	效果\第5章\环保吊牌.indd、叶子绿.ase
动画演示	动画\第5章\081.swf

下面以复制色板、将复制的副本进行编辑再存储、删除原始色板、载入一个新的色板并将复制后和载入后的色板应用到对象为例，介绍色板的管理方法，其操作步骤如下。

01 打开素材提供的"环保吊牌.indd"文档，按【F5】键打开"色板"面板。

02 单击"C=75 M=5 Y=100 K=0"选项，再单击"新建色板"按钮，复制一个副本"色板"，如图5-13所示。

03 双击"C=75 M=5 Y=100 K=0副本"选项，如图5-14所示。

图5-13 复制"色板"

图5-14 打开"色板选项"对话框

04 打开"色板选项"对话框，选择"预览"复选框，取消选择"以颜色值命名"复选框，在"色板名称"文本框中输入"叶子绿"文本，将"颜色模式"下方的"黑色"滑块拖动到"52"处，单击 确定 按钮，即对"色板"进行了编辑，如图5-15所示。

05 返回"色板"面板，单击右上方的"展开菜单"按钮，在弹出的下拉菜单中选择"存储色板"命令，如图5-16所示。

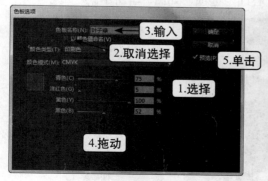

图5-15 设置名称和颜色

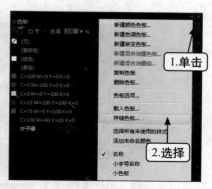

图5-16 存储"色板"

06 打开"另存为"对话框，在"路径"下拉列表框中设置文档的保存位置，在"文件名"下拉列表框中输入"叶子绿"，单击 保存(S) 按钮即可，如图5-17所示。

07 返回"色板"面板，单击"C=75 M=5 Y=100 K=0"选项，再单击"删除色板"按钮，将其删除，如图5-18所示。

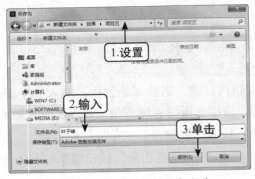

图5-17　设置保存位置和名称　　　　　　图5-18　删除"色板"

08 单击"色板"面板右上方的"展开菜单"按钮，在弹出的下拉菜单中选择"载入色板"命令，如图5-19所示。

09 打开"打开文件"对话框，在"路径"下拉列表框中选择素材文件所在的文件夹，选择"心红"文件选项，单击 打开(O) 按钮，如图5-20所示。

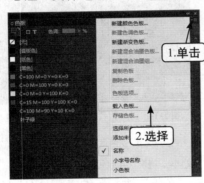
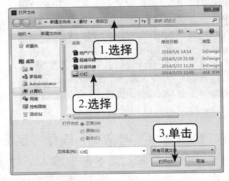

图5-19　载入"色板"　　　　　　　　图5-20　选择需打开的文档

10 利用"选择工具"选择"叶子"图形，单击"色板"面板中"叶子绿"选项，再选择"心"图形，单击"色板"面板中"心红"选项，如图5-21所示。

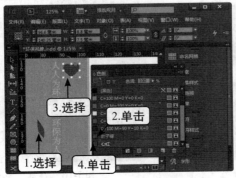

图5-21　应用填色

Example 实例 082 新建混合油墨色板

　　混合油墨色板是指通过两种专色油墨或将1种专色油墨与1种或多种印刷油墨混合后创建的新的油墨色板。当需要使用最少数量的油墨获得最大数量的印刷颜色时，便可使用混合油墨功能。需要注意的是，"色板"面板中要有专色，才可以创建混合油墨色板。

素材文件	素材\第5章\杂志标题.indd
效果文件	效果\第5章\杂志标题.indd
动画演示	动画\第5章\082.swf

　　下面以新建混合油墨色板并运用于图形上为例，介绍新建混合油墨色板的方法，其操作步骤如下。

01 打开素材提供的"杂志标题.indd"文档，按【F5】键打开"色板"面板。

02 单击"C=75 M=5 Y=100 K=0"选项，再单击"新建色板"按钮 ，复制一个副本"色板"，如图5-22所示。

03 双击"C=75 M=5 Y=100 K=0副本"选项，如图5-23所示。

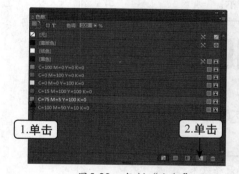

图5-22　复制"色板"　　　　　　图5-23　打开"色板选项"对话框

04 打开"色板选项"对话框，在"颜色模式"下拉列表框中选择"PANTONE+ Solid Uncoated"选项，然后在下方列表框中选择"PANTONE 292 U"选项，单击 确定 按钮，如图5-24所示。

05 单击"色板"面板右上方的"展开菜单"按钮 ，在弹出的下拉菜单中选择"新建混合油墨色板"命令，如图5-25所示。

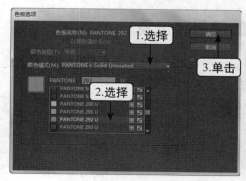

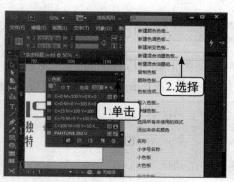

图5-24　设置专色色板　　　　　　图5-25　新建混合油墨色板

06 打开"新建混合油墨色板"对话框，分别单击"青色"、"黄色"、"PANTONE 292 U"前面的空白框■，使其变为选择状态■，然后分别将"青色"、"黄色"、"PANTONE 292 U"的滑块拖动到"54"、"32"、"66"处，单击■ 确定 ■按钮，如图5-26所示。

07 选择素材中黑色圆形路径，然后单击"色板"面板中的"混合油墨1"选项，如图5-27所示。

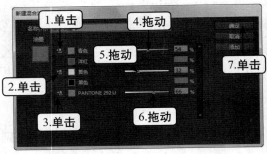

图5-26 设置混合油墨颜色

图5-27 填充混合油墨颜色

08 至此便完成所有操作，最终效果如图5-28所示。

图5-28 最终效果

 专家课堂

批量创建混合油墨色板

在"色板"面板中选择"新建混合油墨组"命令，可以在"新建混合油墨组"对话框中进行有规律地批量创建混合油墨色板。

Example **实例** **083 渐变羽化工具的使用和设置**

渐变羽化工具可以使对象由一侧到另一侧、由中心到边缘或者由边缘到中心创建出渐渐消失的效果。在Indesign CC中还可以调整渐变的角度和透明度。

素材文件	素材\第5章\饮料贴纸.indd
效果文件	效果\第5章\饮料贴纸.indd
动画演示	动画\第5章\083.swf

下面以置入图片并设置其渐变羽化效果为例，介绍渐变羽化工具的使用和设置方法，

其操作步骤如下。

01 打开素材提供的"饮料贴纸.indd"文档，选择图片，选择【对象】/【效果】/【渐变羽化】菜单命令，如图5-29所示。

02 打开"效果"对话框，单击"渐变色标"栏中的黑色"色标"标记▇，然后在"位置"数值框中输入"30"，在"选项"栏中的"类型"下拉列表框中选择"径向"选项，单击 ▇▇▇确定▇▇▇ 按钮，如图5-30所示。

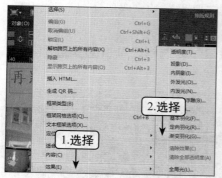

图5-29　选择"渐变羽化"

图5-30　设置羽化位置和类型

03 至此便完成所有的操作，最终效果如图5-31所示。

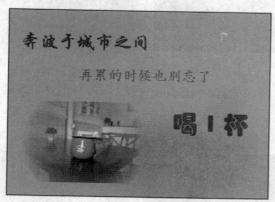

图5-31　最终效果

专家课堂

渐变羽化的清除

在"效果"对话框中可以在对话框左侧列表框中取消选择"渐变羽化"复选框来清除此效果。

Example 实例 084 使用吸管工具

吸管工具是指可以从已有的图片或对象上吸取各种属性，将其应用到其他对象上，免去了重复设置相同属性的麻烦。在Indesign CC中可以选择性地吸取部分或全部属性，其中的属性包括：描边、填色、字符、段落、效果等各种设置。

素材文件	素材\第5章\抄手店.indd
效果文件	效果\第5章\抄手店.indd
动画演示	动画\第5章\084.swf

下面以使用吸管工具吸取对象的描边设置并应用到其他对象上为例，介绍使用吸管工具的方法，其操作步骤如下。

01 打开素材提供的"抄手店.indd"文档，双击"工具栏"的"吸管工具"按钮，如图5-32所示。

02 打开"吸管选项"对话框，取消选择"填色设置"复选框，单击 **确定** 按钮，如图5-33所示。

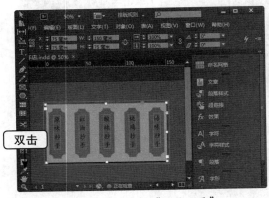
图5-32 选择"吸管工具"

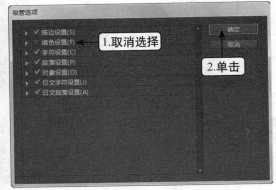
图5-33 取消填色设置

03 单击"原味抄手"所在的第一个图形，使鼠标指针由 状态转变为 状态，如图5-34所示。

04 然后依次单击后面四个图形，便可完成操作，如图5-35所示。

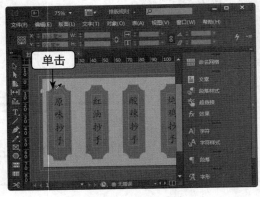
图5-34 吸取属性

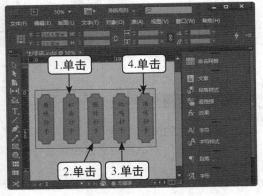
图5-35 应用属性

专家课堂

查看全部吸管工具属性的方法
单击"吸管选项"对话框中选项前面的 标记，可以展开全部的吸管属性的设置。

Example 实例 085 描边的控制

描边是指图形对象的边缘路径，Indesign CC中绘图工具在默认状态下绘制出的图形都应用了相应的描边效果。描边属性包括：线条的粗细、线条的样式、线条连接、起点形状和终点形状等。

素材文件	素材\第5章\男洗手间.indd
效果文件	效果\第5章\男洗手间.indd
动画演示	动画\第5章\085.swf

下面以设置描边的粗细、连接、形状、类型、起点、间隙颜色等为例，介绍描边的控制方法，其操作步骤如下。

01 打开素材提供的"男洗手间.indd"文档，选择【窗口】/【描边】菜单命令，或按【F10】键，如图5-36所示。

02 选择文档中的矩形路径，在"描边"面板的"粗细"数值框中输入"40"，单击"斜接限制"数值框右侧的"圆角连接"按钮，如图5-37所示。

图5-36 选择"描边"命令　　　　　　　图5-37 设置粗细和连接

03 选择直线路径，在"描边"面板中单击"粗细"数值框右侧的"圆头端点"按钮，在"类型"下拉列表框中选择"虚线（4和4）"选项，在"起点"下拉列表框中选择"三角形"选项，在"间隙颜色"下拉列表框中选择"C=100 M=90 Y=10 K=0"选项，如图5-38所示。

图5-38 设置端点、起点、类型和间隙颜色

Indesign CC提供了多种效果的运用，包括阴影、内发光、羽化等。为对象运用各种效果，可使其更加生动、美观。

素材文件	素材\第5章\书包吊牌.indd
效果文件	效果\第5章\花朵的效果.indd
动画演示	动画\第5章\086.swf

下面以为花朵添加内发光、斜面和浮雕、光泽效果为例，介绍为对象添加效果的方法，其操作步骤如下。

01 打开素材提供的"书包吊牌.indd"文档，选择左侧第一个花朵图形，然后选择【窗口】/【效果】菜单命令，或按【Ctrl+Shift+F10】组合键，如图5-39所示。

02 打开"效果"面板，单击下方"向选定的目标添加对象效果"按钮 fx.，在弹出的下拉菜单中选择"内发光"命令，如图5-40所示。

图5-39　选择"效果"命令

图5-40　选择添加内发光

03 打开"效果"对话框，选择"预览"复选框，在"混合"栏的"不透明度"数值框中输入"50"，单击 **确定** 按钮，如图5-41所示。

04 选择中间花朵图形，单击"效果"面板下方"向选定的目标添加对象效果"按钮 fx.，在弹出的下拉菜单中选择"斜面和浮雕"命令，如图5-42所示。

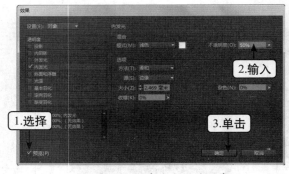
图5-41　设置内发光不透明度

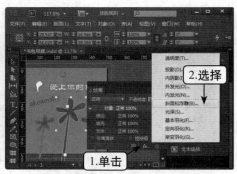
图5-42　选择添加斜面和浮雕

05 打开"效果"对话框，在"结构"栏的"大小"数值框中输入"1"，在"柔化"数值框中输入"2"，单击 确定 按钮，如图5-43所示。

06 选择右侧最后一个花朵图形，单击"效果"面板下方"向选定的目标添加对象效果"按钮 fx.，在弹出的下拉菜单中选择"光泽"命令，如图5-44所示。

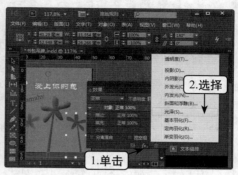

图5-43 设置斜面和浮雕的大小和柔化　　　图5-44 选择添加光泽

07 打开"效果"对话框，在"结构"栏的"大小"数值框中输入"0"，选择"反转"复选框，单击 确定 按钮，如图5-45所示。

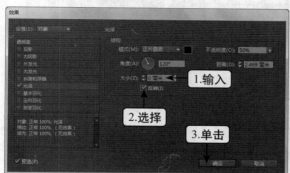

图5-45 设置光泽的大小和反转

Example 实例 087 设置描边和填充效果

　　描边是指对对象轮廓进行编辑，填充则是指对对象的内部进行编辑。在Indesign CC中可以为轮廓进行粗细设置、颜色设置以及为对象内部进行填充颜色等操作。

素材文件	素材\第5章\花朵的效果.indd
效果文件	效果\第5章\圆形描边填充.indd
动画演示	动画\第5章\087.swf

　　下面以改变圆形路径描边粗细和颜色以及填充内部颜色为例，介绍设置描边和填充效果的方法，其操作步骤如下。

01 打开素材提供的"花朵的效果.indd"文档，选择圆形图形，单击"属性栏"中的"填色"按钮 ，在弹出的下拉列表中选择"纸色"选项，如图5-46所示。

02 继续在"属性栏"中的"粗细"数值框中输入"1"，然后双击"描边"按钮，如图5-47所示。

图5-46 设置填充颜色 　　　　　图5-47 设置描边粗细和颜色

03 打开"拾色器"对话框，在"R"、"G"、"B"文本框中分别输入"219"、"174"、"20"，单击 确定 按钮，如图5-48所示。

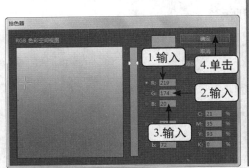

图5-48 设置描边颜色

Example 实例 088 添加文本效果

在Indesign CC中效果的使用同样可以运用在文本上，为文本增添各种炫目的视觉效果，使文本更加闪耀。

素材文件	素材\第5章\圆形描边填充.indd
效果文件	效果\第5章\书包吊牌.indd
动画演示	动画\第5章\088.swf

下面以设置文本的内阴影和外发光效果为例，介绍添加文本效果的方法，其操作步骤如下。

01 打开素材提供的"圆形描边填充.indd"文档，选择"爱上你的包"文本所在的文本框，按【Ctrl+Shift+F10】组合键打开"效果"面板，单击下方"向选定的目标添加对象效果"按钮 fx.，在弹出的下拉菜单中选择"内阴影"命令，如图5-49所示。

02 打开"效果"对话框，选择"预览"复选框，在"混合"栏的"模式"下拉列表框的右侧双击"设置阴影颜色"按钮 ■，如图5-50所示。

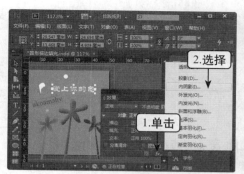

图5-49 添加内阴影

图5-50 设置阴影颜色

03 打开"效果颜色"对话框，在下方列表框中选择"C=0 M=0 Y=100 K=0"选项，单击████确定████按钮，如图5-51所示。

04 在"混合"栏中的"不透明度"数值框中输入"60"，在"选项"栏中的"杂色"数值框中输入"100"，单击████确定████按钮，如图5-52所示。

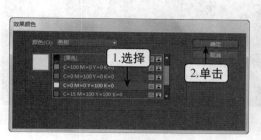

图5-51 选择颜色

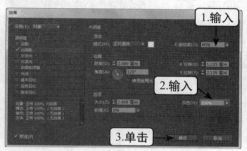

图5-52 设置内阴影的不透明度和杂色

05 选择"爱上你的包"文本所在的文本框，单击"效果"面板下方"向选定的目标添加对象效果"按钮 *fx.*，在弹出的下拉菜单中选择"外发光"命令。

06 打开"效果"对话框，在"选项"栏中的"杂色"数值框中输入"20"，在"扩展"数值框中输入"15"，单击████确定████按钮，如图5-53所示。

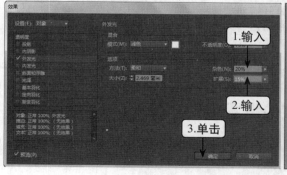

图5-53 设置外发光的杂色和扩展

Example 实例 **089 清除效果**

清除效果是指清除在对象上设置的各种效果，在实际制作过程中，若发现添加的某些效果不适合整体的设计风格时可将其清除，Indesign CC为我们提供了快速便捷的清除效果的方法。

素材文件	素材\第5章\水.indd
效果文件	效果\第5章\水.indd
动画演示	动画\第5章\089.swf

下面以清除文本对象的效果设置为例，介绍清除效果的方法，其操作步骤如下。

01 打开素材提供的"水.indd"文档，选择"确保你的身体健康"文本所在文本框。

02 按【Ctrl+Shift+F10】组合键打开"效果"面板，单击下方"清除所有效果并使对象变为不透明"按钮 即可，如图5-54所示。

图5-54   清除效果

专家课堂

效果的修改

　　对象上设置的效果需要保留部分内容，不需全部清除时，可以对其进行修改。方法为：在"效果"面板上双击"对象"选项右侧的"应用于对象的效果"标记 ，便可快速打开该对象设置效果的"效果"对话框，在其中将效果进行修改即可，如图5-55所示。

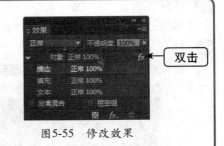

图5-55   修改效果

Example 实例 090 透明度的设置

　　透明度是指对象的明暗程度，有效地利用好透明度的设置效果可使对象看起来更加柔和、美观。

素材文件	素材\第5章\纺织.indd
效果文件	效果\第5章\纺织.indd
动画演示	动画\第5章\090.swf

下面以设置针的不透明度为60%为例，介绍透明度的设置方法，其操作步骤如下。

01 打开素材提供的"纺织.indd"文档，选择针图形。

02 按【Ctrl+Shift+F10】组合键打开"效果"面板，单击"不透明度"数值框右侧"显示滑块"标记▶，将其下的滑块拖动到"60%"处，如图5-56所示。

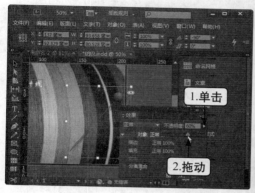

图5-56 设置不透明度

专家课堂

透明效果的多用性

透明效果不仅可以运用于对象，还可以运用于描边、填充、文本和组（针对已编组的对象），其方法：在"效果"面板中的列表框中选择即可。

Example 实例 091 混合模式的应用

混合模式是指底层图片的颜色与选定对象的颜色混合后生成的颜色。Indesign CC为用户提供了多种混合模式，如正片叠底、滤色、叠加、柔光等。如果不需要底层图片的颜色参与到2个对象的混合色中，可选择"分离组合"命令；如果需要底层图片与1个对象混合而不需要其他对象参与到其中，则可选择"挖空组"命令。需要注意的是，"分离组合"命令和"挖空组"命令都需要为对象进行编组后才能实现。

素材文件	素材\第5章\游乐园.indd
效果文件	效果\第5章\游乐园.indd
动画演示	动画\第5章\091.swf

下面以设置多变形与三角形"变亮"混合，并且不让底层图片的颜色参与为例，介绍混合模式的应用方法，其操作步骤如下。

01 打开素材提供的"游乐园.indd"文档，选择多边形路径。

02 按【Ctrl+Shift+F10】组合键打开"效果"面板，在"混合模式"下拉列表中选择"变亮"选项，如图5-57所示。

03 框选多边形和三角形路径，选择【对象】/【编组】菜单命令，或按【Ctrl+G】组合键，如图5-58所示。

图5-57　设置变亮混合

图5-58　设置编组

04 然后在"效果"面板中选择"分离混合"复选框，如图5-59所示。

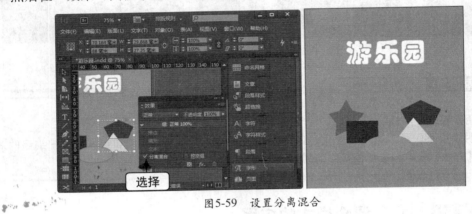

图5-59　设置分离混合

综合项目 母亲节海报的制作

本章通过多个范例对Indesign CC的颜色与效果的应用进行了详细讲解，下面将进一步利用综合范例熟悉并巩固这些操作的使用。本范例将重点涉及创建色板及应用、色板的管理、设置描边和填充效果、混合模式的应用操作，具体流程如图5-60所示。

图5-60　操作流程示意图

素材文件	素材\第5章\母亲节.indd、图形2.ase
效果文件	效果\第5章\母亲节.indd
动画演示	动画\第5章\5-1.swf、5-2.swf、5-3.swf

1. 添加色板

下面首先启动Indesign CC，然后在"色板"面板中创建多种颜色，其中涉及创建色板、色板的编辑、复制、删除、载入等操作，其操作步骤如下。

01 双击桌面上的Indesign快捷启动图标，启动Indesign CC并打开素材提供的"母亲节.indd"文档。

02 按【F5】键打开"色板"面板，在下方列表中选择"C=0 M=100 Y=0 K=0"选项，然后单击"新建色板"按钮，如图5-61所示。

03 双击"C=0 M=100 Y=0 K=0副本"选项，如图5-62所示。

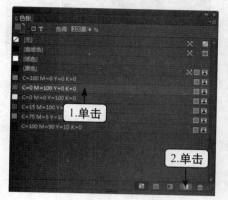

图5-61 复制色板

图5-62 编辑色板

04 打开"色板选项"对话框，取消选择"以颜色值命名"复选框，在"色板名称"文本框中输入"Logo标志"文本，将"颜色模式"下拉列表框下方的"黄色"滑块拖动到"52%"处，单击 确定 按钮，如图5-63所示。

05 返回到"色板"面板中，单击右上方的"展开菜单"按钮，在弹出的下拉菜单中选择"新建颜色色板"命令，如图5-64所示。

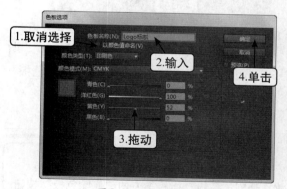

图5-63 设置名称和颜色

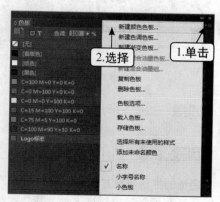

图5-64 选择"新建颜色色板"

06 打开"新建颜色色板"对话框，取消选择"以颜色值命名"复选框，在"色板名称"文本框中输入"正文"文本，将"颜色模式"下拉列表框下方的"洋红色"滑块拖动到"32%"处，将"黄色"滑块拖动到"0%"处，单击 确定 按钮，如图5-65所示。

07 返回到"色板"面板中，拖动"正文"选项到"新建色板"按钮处释放鼠标，如图5-66所示。

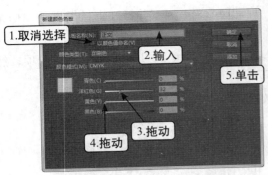

图5-65 设置名称和颜色

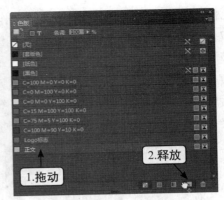

图5-66 复制色板

08 双击"正文副本"选项，如图5-67所示。

09 打开"色板选项"对话框，在"色板名称"文本框中输入"图形1"文本，将"颜色模式"下拉列表框下方的"黑色"滑块拖动到"65%"处，单击 确定 按钮，如图5-68所示。

图5-67 编辑色板

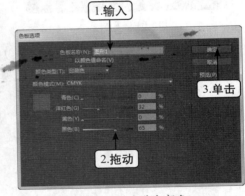

图5-68 设置名称和颜色

10 返回到"色板"面板中，单击"C=75 M=5 Y=100 K=0"选项，然后单击"删除色板"按钮 ，如图5-69所示。

专家课堂 ||||||||||||||||||||||||||||||||||||||||||||||||||||||||||||||||||||||||||||||||||||||||||||||||||||||

色板的拖动删除方法

　　在需要删除的色板选项上，按住鼠标不放拖动到"色板"面板下方的"删除色板"按钮 上，释放鼠标即可将其删除。

11 单击"色板"面板右上方的"展开菜单"按钮 ，在弹出的下拉菜单中选择"载入色板"命令，如图5-70所示。

12 打开"打开文件"对话框，在"路径"下拉列表框中选择素材文件所在的文件夹，在下方的列表框中选择"图形2"文件选项，在"打开方式"栏中选择"正常"单选项，单击 打开(O) 按钮，如图5-71所示。

图5-69 删除色板

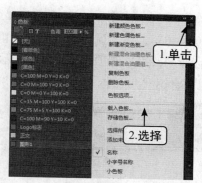

图5-70 选择载入色板

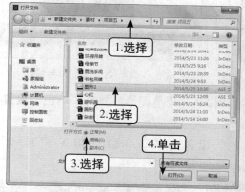

图5-71 选择需打开的文档

2. 运用颜色

下面将色板中的单色运用到文本和图形对象上并对其进行描边，主要涉及单色色板的应用、设置描边和填充效果等操作，其操作步骤如下。

01 利用"选择工具"选择素材提供的文档中的最上方的五角星图形，然后在上方"属性栏"中单击"填色"按钮，在弹出的下拉列表中选择"Logo标志"选项，如图5-72所示。

02 选择"感恩·母亲"文本，然后在上方"属性栏"中单击"填色"按钮，在弹出的下拉列表中选择"正文"选项。

03 继续在"属性栏"中单击"描边"按钮，在弹出的下拉列表中选择"C=15 M=100 Y=100 K=0"选项，如图5-73所示。

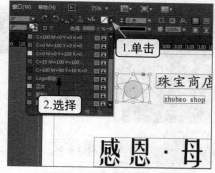

图5-72 设置填充颜色

图5-73 设置文本描边颜色

04 选择文档中间的多边形路径，设置其"填色"为"图形1"，"描边"为"C=0 M=0 Y=100 K=0"，在"属性栏"中的"粗细"数值框中输入"4"，在"类型"下拉列表框中选择"圆点"选项，如图5-74所示。

05 选择"Happy Mother's Day"文本，将其"填色"设置为"纸色"，如图5-75所示。

图5-74 设置填充颜色和描边属性

图5-75 设置文本颜色

06 加选"Happy Mother's Day"文本周围2个五角星图形，将其"填色"设置为"正文"，如图5-76所示。

07 加选2个三角形图形，将其"填色"设置为"C=0 M=100 Y=0 K=0"，如图5-77所示。

图5-76 填充图形颜色

图5-77 填充图形颜色

08 加选4个圆角多边形图形，将其"填色"设置为"图形2"，如图5-78所示。

09 选择"黄金传递真爱"文本所在的文本框，设置其"填色"为"图形2"，如图5-79所示。

图5-78 填充图形颜色

图5-79 填充文本框颜色

⑩ 选择"黄金传递真爱"文本，设置其"填色"为"纸色"，如图5-80所示。

⑪ 选择"仅限前10名，黄金手工费全免"文本，设置其"填色"为"C=100 M=90 Y=10 K=0"，如图5-81所示。

图5-80　填充文本颜色

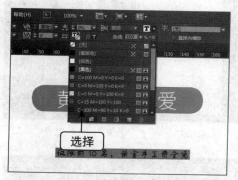

图5-81　填充文本颜色

⑫ 至此便完成第二项的所有操作，最终效果如图5-82所示。

图5-82　最终效果

3. 添加效果

下面将添加对象的效果和设置背景，主要涉及为对象添加效果、透明度的设置、创建渐变色板并应用颜色和混合模式等操作，其操作步骤如下。

① 选择文档中最上方的五角星图形，按【Ctrl+Shift+F10】组合键打开"效果"面板。

② 在"效果"面板中的"混合模式"下拉列表中选择"颜色"选项，如图5-83所示。

③ 框选"珠宝商店"和"zhubao shop"文本所在的文本框，在"效果"面板中的"不透明度"数值框中输入"70"，按【Enter】键，如图5-84所示。

④ 选择中间的多边形图形，在"效果"面板中单击下方"向选定的目标添加对象效果"按钮 fx_，在弹出的下拉菜单中选择"斜面和浮雕"命令，如图5-85所示。

⑤ 打开"效果"对话框，选择"预览"复选框，在"阴影"栏中的"阴影"下拉列表框右侧的"不透明度"数值框中输入"50"，单击 确定 按钮，如图5-86所示。

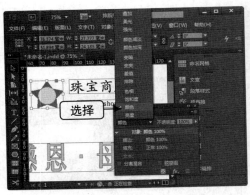

图5-83 设置"颜色"混合模式

图5-84 设置不透明度

图5-85 设置斜面和浮雕

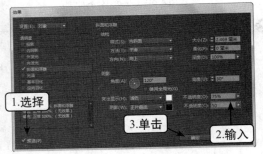

图5-86 设置"阴影"的不透明度

06 选择"仅限前10名,黄金手工费全免"文本所在的文本框,在"效果"面板中单击下方"向选定的目标添加对象效果"按钮 *fx.*,在弹出的下拉菜单中选择"投影"命令,如图5-87所示。

07 打开"效果"对话框,选择"预览"复选框,在"位置"栏中的"距离"数值框中输入"2",单击 确定 按钮,如图5-88所示。

图5-87 设置投影

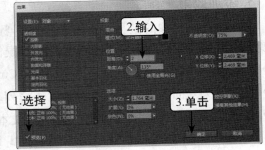

图5-88 设置投影的距离

08 利用"文字工具"创建一个与页面大小相同的文本框,按【Esc】键退出输入状态,选择此文本框。

09 双击"工具栏"中的"渐变色板工具"按钮 ■,如图5-89所示。

⑩ 打开"渐变"面板，在"类型"下拉列表框中选择"径向"选项，单击"渐变条"下方右侧的"色标"标记▮，如图5-90所示。

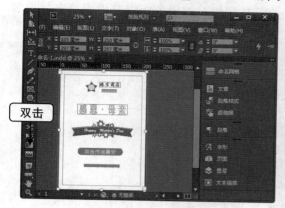

图5-89　选择渐变色板工具

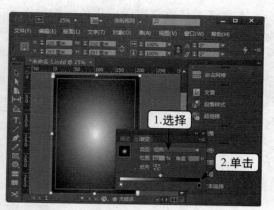

图5-90　选择色标

⑪ 按【F6】键打开"颜色"面板，在"C"、"M"、"Y"、"K"文本框中分别输入"4"、"21"、"1"、"0"，按【Enter】键，如图5-91所示。

⑫ 选择【对象】/【排列】/【置为底层】菜单命令，如图5-92所示。

图5-91　设置颜色

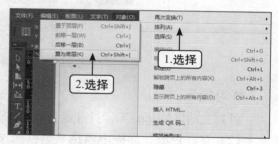

图5-92　置为底层

⑬ 按【Ctrl+L】组合键将其锁定，然后利用"选择工具"框选上方五角形和圆形，按【Ctrl+G】组合键将其编组。

⑭ 在"效果"面板中，选择"分离混合"复选框，如图5-93所示。

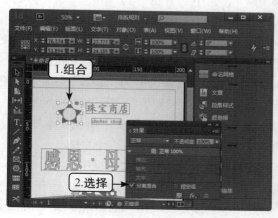

图5-93　设置分离混合

课后练习1 楼层分布示意图填色

本次练习将重点巩固应用色板的操作，主要包括新建、编辑色板以及设置填充效果等知识，最终效果如图5-94所示。

素材文件	素材\第5章\楼层分布示意图.indd
效果文件	效果\第5章\楼层分布示意图.indd

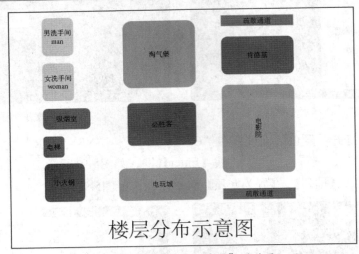

图5-94 "楼层分布示意图"的效果

练习提示：

（1）启动Indesign CC，打开素材提供的"楼层分布示意图.indd"文档。

（2）在"色板"面板中创建"颜色模式"为"CMYK"，其中"青色"为"0%"、"洋红色"为"0%"、"黄色"为"81%"、"黑色"为"18%"，名称为"洗手间"的色板。

（3）继续创建"颜色模式"为"CMYK"，其中"青色"为"85%"、"洋红色"为"0%"、"黄色"为"100%"、"黑色"为"33%"，名称为"疏散通道"的色板。

（4）继续创建"颜色模式"为"CMYK"，其中"青色"为"56%"、"洋红色"为"56%"、"黄色"为"19%"、"黑色"为"18%"，名称为"电梯"的色板。

（5）继续创建"颜色模式"为"CMYK"，其中"青色"为"15%"、"洋红色"为"82%"、"黄色"为"55%"、"黑色"为"37%"，名称为"餐饮"的色板。

（6）继续创建"颜色模式"为"CMYK"，其中"青色"为"17%"、"洋红色"为"56%"、"黄色"为"83%"、"黑色"为"0%"，名称为"玩乐"的色板。

（7）将"洗手间"色板填充在"男洗手间"和"女洗手间"文本所在文本框中。

（8）将"电子"色板填充在"电梯"和"吸烟室"文本所在文本框中。

（9）将"疏散通道"色板填充在2个"疏散通道"文本所在文本框中。

（10）将"餐饮"色板填充在"小火锅"、"必胜客"和"肯德基"文本所在文本框中。

（11）将"玩乐"色板填充在"淘气堡"、"电玩城"和"电影院"文本所在文本框中，完成操作。

课后练习2 开张广告添加效果

本次练习将重点巩固应用效果的操作，主要包括渐变羽化工具的使用与设置、为对象添加效果、添加文本效果等知识，最终效果如图5-95所示。

素材文件	素材\第5章\开张广告.indd
效果文件	效果\第5章\开张广告.indd

图5-95 "开张广告"的效果

练习提示：

（1）启动Indesign CC，打开素材提供的"开张广告.indd"文档。

（2）设置图片的"渐变羽化"的类型为"径向"，左侧"色标"位置为"25%"，右侧"色标"位置为"70%"。

（3）设置三颗五星图形的"定向羽化"的"羽化宽度"（"上"、"内"、"下"、"外"）均为"0.5毫米"。

（4）设置四个圆形图形的"外发光"的"扩展"为"30%"。

（5）设置"火爆开业"的"斜面和浮雕"的"方向"为"向下"。

（6）设置"盛大重张"的"投影"的"不透明度"为"100%"、"距离"为"2毫米"，完成所有操作。

第6章
样式的应用

　　利用样式功能可以快捷地将文字、图形、图像或表格等变得井然有序。在Indesign CC中可以创建多种样式风格，包括字符、段落、对象、单元格和表样式等。本章将重点介绍样式的创建和应用、样式的编辑以及样式组的管理等内容。

Example 实例 092 创建字体、字号等字符样式

字符样式是指通过一个步骤就可以将设置好的字符格式属性应用于相应文本。字体、字号、字符间距等属性都属于基本字符样式。

素材文件	素材\第6章\新航线.indd
效果文件	效果\第6章\新航线.indd
动画演示	动画\第6章\092.swf

下面以设置字体、字号、行距、颜色等字符样式并应用于文本为例，介绍设置字体、字号等字符样式的方法，其操作步骤如下。

01 打开素材提供的"新航线.indd"文档，选择【窗口】/【样式】/【字符样式】菜单命令，或者按【Shift+F11】组合键，如图6-1所示。

02 在"字符样式"面板中单击右上方的"展开菜单"按钮 ，在弹出的下拉菜单中选择"新建字符样式"命令，如图6-2所示。

图6-1 选择"字符样式"面板

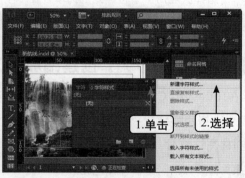

图6-2 选择"新建字符样式"

03 打开"新建字符样式"对话框，在左侧列表框中选择"基本字符格式"选项，在"样式名称"文本框中输入"符文"，在"字体系列"下拉列表框中选择"方正舒体"，在"大小"数值框中输入"14"，在"行距"数值框中输入"20"，如图6-3所示。

04 继续在左侧列表框中选择"字符颜色"选项，在"字符颜色"列表框中选择"纸色"选项，单击 确定 按钮，如图6-4所示。

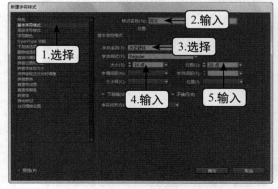

图6-3 设置字体、大小和行距

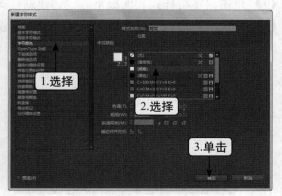

图6-4 设置字符颜色

05 在版面中全选下方的黑色文本，在"字符样式"面板中的列表框中选择"符文"选项，如图6-5所示。

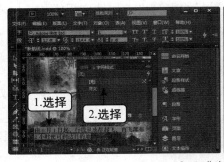

图6-5　应用"符文"字符样式

　专家课堂

快速取消字符样式的设置

选择已应用了字符样式的文本，在"字符样式"面板中选择"无"选项即可快速清除该文本的字符样式。该选项后面显示的✕标记，是指该样式无法移去或编辑。

Example 实例 093 创建缩放、下划线等字符样式

在Indesign CC中除了可以对字体本身创建字符格式外，还可以创建多种字符样式，比如下划线和删除线等。

素材文件	素材\第6章\太阳镜促销.indd
效果文件	效果\第6章\太阳镜促销.indd
动画演示	动画\第6章\093.swf

下面以设置价格文本的垂直和水平缩放，并添加下划线和删除线为例，介绍创建缩放、下划线等字符样式的方法，其操作步骤如下。

01 打开素材提供的"太阳镜促销.indd"文档，按【Shift+F11】组合键打开"字符样式"面板。

02 单击"字符样式"面板下方"创建新样式"按钮，如图6-6所示。

03 再在"字符样式"面板中的列表框中双击"字符样式1"选项，如图6-7所示。

图6-6　新建字符样式　　　　　　图6-7　设置字符样式

04 打开"字符样式选项"对话框，在左侧列表框中选择"高级字符格式"选项，在"样式名称"文本框中输入"价格"，在"水平缩放"数值框中输入"150"，"垂直缩放"数值框中输入"200"，如图6-8所示。

05 继续在左侧列表框中选择"下划线选项"选项，选择"启用下划线"复选框，在"粗细"数值框中输入"2"，如图6-9所示。

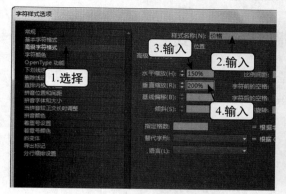
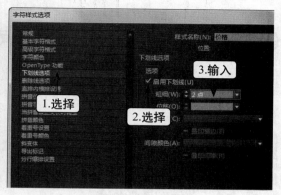

图6-8 设置水平和垂直缩放　　　　　　　　图6-9 设置下划线的粗细

06 继续在左侧列表框中选择"删除线选项"选项，选择"启用删除线"复选框，在"粗细"数值框中输入"10"，在"类型"下拉列表框中选择"三线"选项，在"颜色"下拉列表框中选择"黑色"选项，确认设置，如图6-10所示。

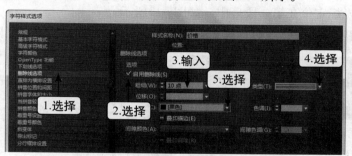

图6-10 设置删除线粗细、类型和颜色

07 选择"586"文本，在"字符样式"面板中的列表框中选择"价格"选项，如图6-11所示。

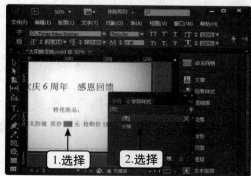

图6-11 新建字符样式

专家课堂

字符样式的删除

选择需要删除的字符样式后，在"字符样式"面板中单击下方的"删除选定样式/组"按钮 🗑 即可将其删除。

Example 实例 **094 创建字符、间距等段落样式**

段落样式是将字符和段落格式存储为集合的组合，它可应用于整个段落，也可应用于某个段落中的部分内容。Indesign CC提供了丰富的段落样式属性，如首行缩进、段间距等。

素材文件	素材\第6章\月总结.indd
效果文件	效果\第6章\月总结.indd
动画演示	动画\第6章\094.swf

下面以设置字体格式、首行缩进和段后间距为例，介绍创建字符、间距等段落样式的方法，其操作步骤如下。

01 打开素材提供的"月总结.indd"文档，选择"文字工具"，单击第一个段落的任意位置，将插入光标定位在第一段落中，如图6-12所示。

02 选择【窗口】/【样式】/【段落样式】菜单命令，或按【F11】键，如图6-13所示。

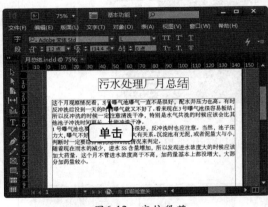

图6-12　定位段落

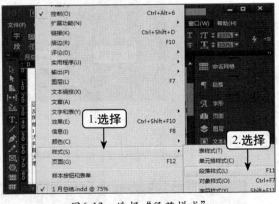

图6-13　选择"段落样式"

03 在"段落样式"面板中单击右上方的"展开菜单"按钮 ▤，在弹出的下拉菜单中选择"新建段落样式"命令，如图6-14所示。

04 打开"段落样式选项"对话框，在左侧列表框中选择"基本字符格式"选项，在"样式名称"文本框中输入"正文段落"，在"字体系列"下拉列表框中选择"Adobe 宋体 Std"选项，如图6-15所示。

05 继续在左侧列表框中选择"缩进和间距"选项，在"首行缩进"数值框中输入"9"，在"段后距"数值框中输入"3"，如图6-16所示。

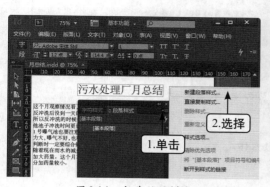

图6-14 新建段落样式

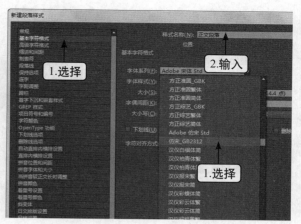

图6-15 设置名称和字体

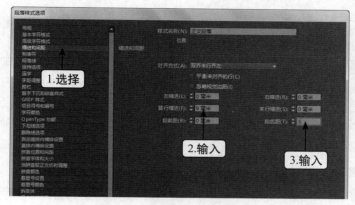

图6-16 设置首行缩进和段后距

06 继续在左侧列表框中选择"项目符号和编号"选项，在"列表类型"下拉列表框中选择"编号"选项，确认设置，如图6-17所示。

07 在"段落样式"面板中的列表框中选择"正文段落"选项，如图6-18所示。

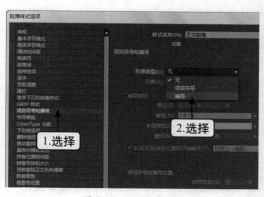

图6-17 设置编号

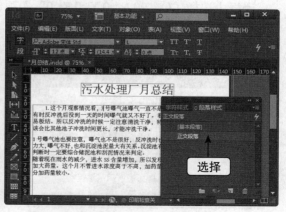

图6-18 应用段落样式

08 分别将插入光标定位在第二段落和第三段落中，然后选择"段落样式"面板列表框中的"正文段落"选项，如图6-19所示。

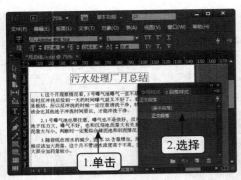

图6-19　应用段落样式

Example 实例
095 创建字符颜色、段落线段落样式

在Indesign CC中除了设置基本的段落样式以外，还可以创建具有一定特殊效果的段落样式，比如，为字符添加颜色、设置段落线等。

素材文件	素材\第6章\月总结技术.indd
效果文件	效果\第6章\月总结技术.indd
动画演示	动画\第6章\095.swf

下面以设置字符颜色、创建段落线并设置其颜色为例，介绍创建字符颜色、段落线段落样式的方法，其操作步骤如下。

01 打开素材提供的"月总结技术.indd"文档，按【F11】键打开"段落样式"面板，单击"段落样式"面板右上方的"展开菜单"按钮，在弹出的下拉菜单中选择"新建段落样式"命令，如图6-20所示。

02 打开"新建段落样式"对话框，选择左侧列表框中的"段落线"选项，在"段前线"下拉列表框中选择"段后线"选项，选择"启用段落线"复选框，在"颜色"下拉列表框中选择"C=100 M=0 Y=0 K=0"选项，如图6-21所示。

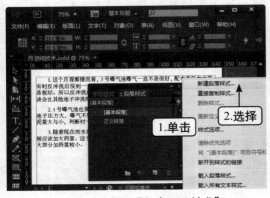

图6-20　选择"新建段落样式"

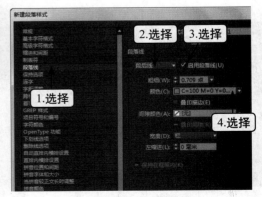

图6-21　设置段后线的颜色

03 继续选择左侧列表框中的"字符颜色"选项，在"字符颜色"列表框中选择"C=0 M=100 Y=0 K=0"选项，确认设置，如图6-22所示。

04 利用"选择工具"选择文本框，在"段落样式"面板中的列表框中选择列"段落样式1"选项，如图6-23所示。

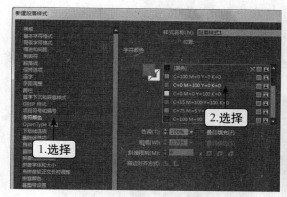

图6-22 设置字符颜色

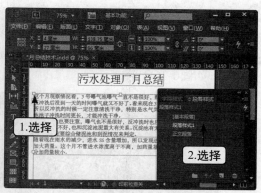

图6-23 应用段落样式

05 至此便完成所有的设置，最终效果如图6-24所示。

污水处理厂月总结

这个月观察情况看，3 号曝气池曝气一直不是很好，配水井压力也高。有时反冲洗后投到一天的时间曝气就又不好了。看来现在3号曝气池很容易板结。所以反冲洗的时候一定注意清洗干净，特别是水气共洗的时候应该会比其他池子冲洗时间更长，才能冲洗干净。

1 号曝气池也要注意，曝气也不是很好，反冲洗时也应注意。当然，池子压力大，曝气不好，也和沉淀池泥量大有关系。沉淀池有无泥，或者泥量大与小，判断时一定要综合储泥池和刮泥情况来判定。

随着现在雨水的减少，进水 SS 含量增加，所以发现进水浓度大的时候应该加大药量。这个月不管进水浓度高于不高，加药量基本上都没增大，大部分加药量较小。

图6-24 最终效果

 专家课堂

样式名称的快速重命名

字符样式和段落样式需要重命名时，在其面板中选择该样式的情况下，单击该样式选项即可快速实现重命名操作。

Example 实例 096 样式的编辑

在制作设计过程中，要是对运用的样式不满意或者想对已设置好的字符或者段落样式做微小改动时，可以对其进行修改设置，包括复制、编辑等。

素材文件	素材\第6章\航线介绍.indd
效果文件	效果\第6章\航线介绍.indd
动画演示	动画\第6章\096.swf

下面以复制符文样式、编辑副本及应用于文本为例，介绍样式的编辑方法，其操作步骤如下。

01 打开素材提供的"航线介绍.indd"文档，按【Shift+F11】组合键打开"字符样式"面板。

02 在"字符样式"面板列表框中的"符文"选项上单击鼠标右键，在弹出的快捷菜单中选择"直接复制样式"命令，如图6-25所示。

03 打开"直接复制样式"对话框，在"基于"下拉列表框中选择"符文"选项，确认设置，如图6-26所示。

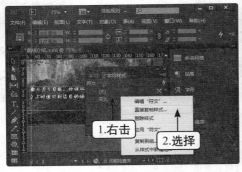
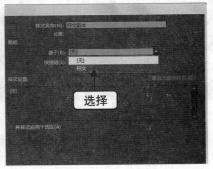

图6-25　直接复制样式　　　　　　　　图6-26　选择复制方式

04 在"字符样式"面板的列表框中双击"字符副本"选项，如图6-27所示。

05 打开"字符样式选项"对话框，在左侧列表框中选择"高级字符格式"选项，在"倾斜"数值框中输入"20"，确认设置，如图6-28所示。

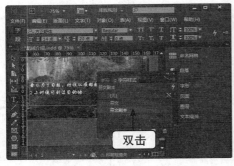
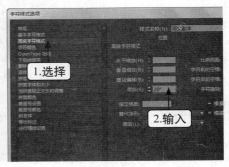

图6-27　编辑符文副本的样式　　　　　　图6-28　设置倾斜

06 全选文档右下方的白色文本，然后在"字符样式"面板的列表框中选择"符文副本"选项，如图6-29所示。

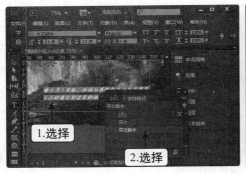

图6-29　应用字符样式

Example 实例 097 样式组的管理

在运用字符或者段落样式较多的时候，为了方便管理，Indesign CC提供了建立样式组功能来将较多的样式进行编组、分类。

素材文件	素材\第6章\唐宋诗词.indd
效果文件	效果\第6章\唐宋诗词.indd
动画演示	动画\第6章\097.swf

下面以创建2个样式组，并将样式复制添加到样式组中为例，介绍样式组的管理方法，其操作步骤如下。

01 打开素材提供的"唐宋诗词.indd"文档，按【F11】键打开"段落样式"面板，单击下方的"创建新样式组"按钮，如图6-30所示。

02 双击"样式组1"选项，打开"样式组选项"对话框，在"名称"文本框中输入"唐朝"，单击 确定 按钮，如图6-31所示。

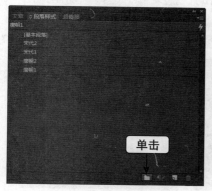

图6-30 新建样式组

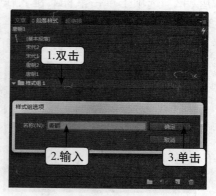

图6-31 设置样式组名称

03 在"段落样式"面板中，单击下方的"创建新样式组"按钮，如图6-32所示。

04 双击"样式组1"选项，打开"样式组选项"对话框，在"名称"文本框中输入"宋代"，单击 确定 按钮，如图6-33所示。

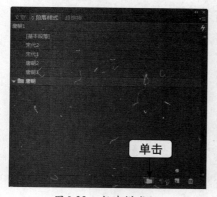

图6-32 新建样式组

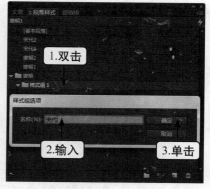

图6-33 设置名称

05 在"段落样式"面板中的"宋代2"选项上单击鼠标右键，在弹出的快捷菜单中选择

"复制到组"命令，如图6-34所示。

06 打开"复制到组"对话框，单击三角形标记▶，展开子菜单，选择"宋代"选项，单击 确定 按钮，如图6-35所示。

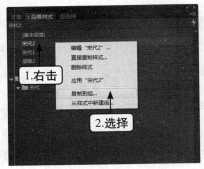
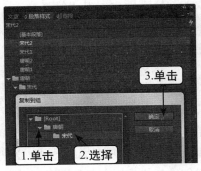

图6-34 选择复制到组　　　　　　　图6-35 添加到组

07 按照上一步骤，将"宋代1"样式也复制添加到"宋代"组中。

08 在"唐朝2"选项上单击鼠标右键，在弹出的快捷菜单中选择"复制到组"命令，如图6-36所示。

09 打开"复制到组"对话框，选择"唐朝"选项，单击 确定 按钮，如图6-37所示。

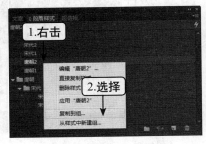
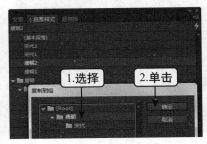

图6-36 选择复制到组　　　　　　　图6-37 添加到组

10 分别将"唐朝1"样式应用到"相思"文本下方文本框、"唐朝2"样式应用到"八阵图"文本下方文本框、"宋代1"样式应用到"一剪梅"文本下方文本框、"宋代2"样式应用到"鲁山山行"文本下方文本框。

11 至此便完成所有设置，最终效果如图6-38所示。

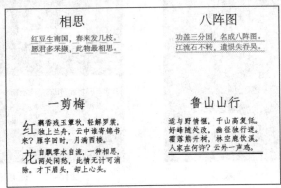

图6-38 最终效果

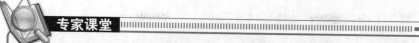

专家课堂

快速找到样式的方法

当样式和样式组较多的时候，可以选单击"段落样式"面板中右上方的"展开菜单"按钮■，在弹出的下拉菜单中选择"打开或者关闭所有样式组"命令来快速查找需要的样式。

Example 实例 098 创建描边和填充对象样式

在Indesign CC中，对象样式的创建与段落、字符样式类似，可将定义好的对象样式快速应用于图形和框架对象上，如描边、填色等。

素材文件	素材\第6章\饮料店招牌.indd
效果文件	效果\第6章\饮料店招牌.indd
动画演示	动画\第6章\098.swf

下面以编辑描边和填充效果来创建对象样式并将其应用到圆形路径上为例，介绍创建描边和填充对象样式的方法，其操作步骤如下。

01 打开素材提供的"饮料店招牌.indd"文档，选择【窗口】/【样式】/【对象样式】菜单命令，或按【Ctrl+F7】组合键，如图6-39所示。

02 在"对象样式"面板中单击右上方的"展开菜单"按钮■，在弹出的下拉菜单中选择"新建对象样式"命令，如图6-40所示。

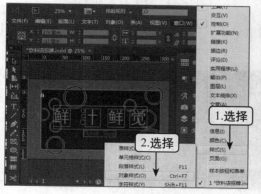

图6-39 选择对象样式

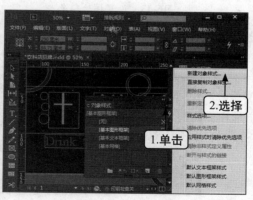

图6-40 新建对象样式

03 打开"新建对象样式"对话框，在左侧"基本属性"栏中选择"填色"选项，然后在右侧列表框中选择"纸色"选项，如图6-41所示。

04 在左侧"基本属性"栏中选择"描边"选项，双击右侧"描边"按钮■，如图6-42所示。

05 打开"新建颜色色板"对话框，在"青色"、"洋红色"、"黄色"、"黑色"文本框中输入"15"、"81"、"100"、"27"，单击 确定 按钮，如图6-43所示。

06 返回"新建对象样式"对话框，在左侧列表框中单击"常规"选项，再选择"描边"选项，然后在右侧列表框中选择刚创建的"C=15 M=81 Y=100 K=27"选项，在"粗细"数值框中输入"7",确认设置,如图6-44所示。

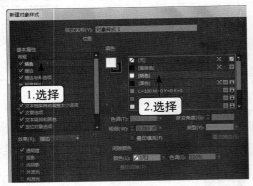

图6-41 设置填色颜色

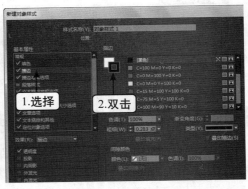

图6-42 选择描边

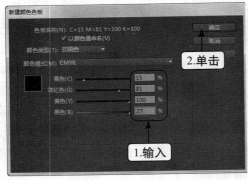

图6-43 设置描边颜色

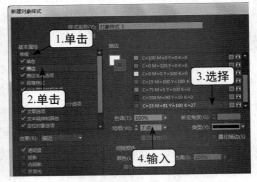

图6-44 设置颜色和粗细

07 选择"十"文本左侧的三个圆形路径,然后单击"对象样式"面板中的"对象样式1"选项,应用对象样式,效果如图6-45所示。

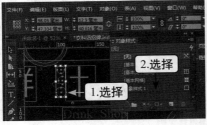

图6-45 应用对象样式

Example 实例 **099** 创建渐变羽化对象样式

在Indesign CC中,除了可以设置描边和填色的对象样式外,还可以为对象创建效果对象样式,如渐变羽化对象样式。

素材文件	素材\第6章\墙贴.indd
效果文件	效果\第6章\墙贴.indd
动画演示	动画\第6章\099.swf

下面以设置径向的渐变羽化效果样式并应用到图片中为例，介绍创建渐变羽化对象样式的方法，其操作步骤如下。

01 打开素材提供的"墙贴.indd"文档，选择其中的菊花图片，然后按【Ctrl+F7】组合键打开"对象样式"面板，并单击该面板下方的"创建新样式"按钮 ，如图6-46所示。

02 在"对象样式"面板中双击"对象样式3"选项，如图6-47所示。

图6-46 创建新样式　　　　　　　　　图6-47 设置新样式

03 打开"对象样式选项"对话框，在左侧"效果"下拉列表框中选择"对象"选项，在下方列表框中选择"渐变羽化"选项，在右侧"选项"栏的"类型"下拉列表框中选择"径向"选项，拖动"渐变色标"栏中左侧色标到"45%"处，如图6-48所示。

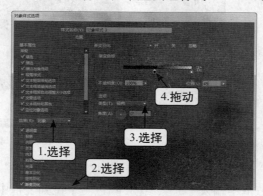

图6-48 设置渐变羽化类型和位置

04 继续在"渐变色标"栏中拖动右侧色标到"84%"处，确认设置，如图6-49所示。

05 将"对象样式3"应用到图片图形上，即可完成操作。

图6-49 设置渐变羽化位置

表样式是指整个表格的外观样式，表格的外观样式与字符和段落样式相同，通过设置一系列表格的属性，如表边框、填色等效果后，一键将其应用到表格中。

素材文件	素材\第6章\外汇表格.indd
效果文件	效果\第6章\外汇表格.indd
动画演示	动画\第6章\100.swf

下面以设置表格的外框粗细和颜色、间隔填色，并应用于表格为例，介绍创建表外框和填色表样式的方法，其操作步骤如下。

01 打开素材提供的"外汇表格.indd"文档，选择【窗口】/【样式】/【表样式】菜单命令，如图6-50所示。

02 在"表样式"面板中单击右上方的"展开菜单"按钮▤，在弹出的下拉菜单中选择"新建表样式"命令，如图6-51所示。

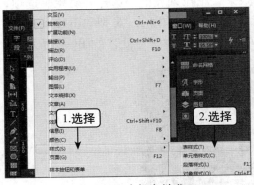

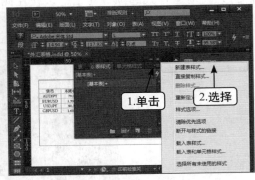

图6-50 选择表样式　　　　　　　　　图6-51 新建表样式

03 打开"表样式选项"对话框，在左侧列表框中选择"表设置"选项，再在"表外框"栏中的"粗细"数值框中输入"3"，在"颜色"下拉列表框中选择"C=0 M=100 Y=0 K=0"选项，如图6-52所示。

04 在左侧列表框中选择"填色"选项，再在"交替模式"下拉列表框中选择"每隔一行"选项，在"颜色"下拉列表框中选择"C=100 M=0 Y=0 K=0"选项，在"色调"数值框中输入"50"，在"跳过最前"数值框中输入"2"，确认设置，如图6-53所示。

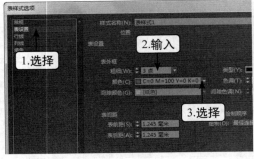

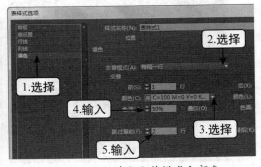

图6-52 设置边框粗细和颜色　　　　　图6-53 设置填色交替模式和颜色

05 将插入光标定位在表格任意位置，选择"表样式"面板中的"表样式1"选项，如图6-54所示。

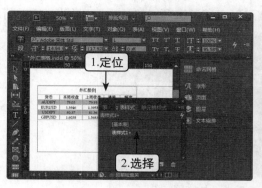

图6-54 应用表样式

Example 实例 101 创建行线和列线表样式

表样式的应用除了可以设置表外框和间隔填色以外，还可以设置表内行线和列线的颜色和粗细等。

素材文件	素材\第6章\商品售货单.indd
效果文件	效果\第6章\商品售货单.indd
动画演示	动画\第6章\101.swf

下面以设置表格的行线和列线的颜色和粗细，并应用于表格为例，介绍创建行线和列线表样式的方法，其操作步骤如下。

01 打开素材提供的"商品售货单.indd"文档，选择【窗口】/【样式】/【表样式】菜单命令打开"表样式"面板，单击右上方的"展开菜单"按钮，在弹出的下拉菜单中选择"新建表样式"命令。

02 打开"表样式选项"对话框，在左侧列表框中选择"行线"选项，在"交替模式"下拉列表框中选择"自定行"选项，在"交替"栏的"后"数值框中输入"0"，在"粗细"数值框中输入"1.5"，在"颜色"下拉列表框中选择"C=75 M=5 Y=100 K=0"选项，如图6-55所示。

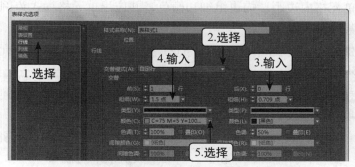

图6-55 设置行线交替模式、粗细和颜色

03 在左侧列表框中选择"列线"选项，在"交替模式"下拉列表框中选择"自定列"选项，在"交替"栏的"后"数值框中输入"0"，在"粗细"数值框中输入"1.5"，在"颜色"下拉列表框中选择"C=75 M=5 Y=100 K=0"选项，确认设置，如图6-56所示。

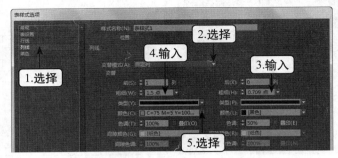

图6-56 设置列线交替模式、粗细和颜色

04 将插入光标定位在表格任意位置，选择"表样式"面板中的"表样式1"选项，如图6-57所示。

图6-57 应用表样式

Example **实例** **102 创建单元格样式**

在Indesign CC中可以设置单元格样式，比如单元格内边距、描边和填色等。

素材文件	素材\第6章\食谱表.indd
效果文件	效果\第6章\食谱表.indd
动画演示	动画\第6章\102.swf

下面以设置单元格内边距、描边粗细和颜色，并应用单元格样式为例，介绍创建单元格样式的方法，其操作步骤如下。

01 打开素材提供的"食谱表.indd"文档，选择【窗口】/【样式】/【单元格样式】菜单命令，如图6-58所示。

02 打开"单元格样式"面板，单击右上方的"展开菜单"按钮 ≣，在弹出的下拉菜单中选择"新建单元格样式"命令，如图6-59所示。

03 打开"新建单元格样式"对话框，在左侧列表框中选择"文本"选项，在"单元格内边距"栏的"上"、"下"、"左"、"右"数值框中均输入"2"，如图6-60所示。

04 在左侧列表框中选择"描边和填色"选项，在"粗细"数值框中输入"2"，在"颜色"下拉列表框中选择"C=15 M=100 Y=100 K=0"选项，确认设置，如图6-61所示。

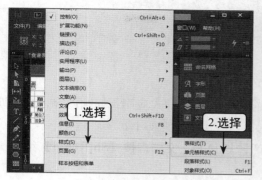

图6-58　选择单元格样式

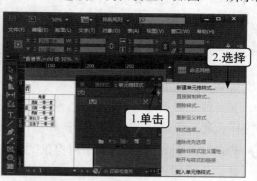

图6-59　新建单元格样式

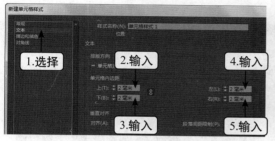

图6-60　设置单元格内边距

图6-61　设置描边粗细和颜色

05 将插入光标定位在需要改变的单元格内，然后在"单元格样式"面板中选择"单元格样式1"选项，如图6-62所示。

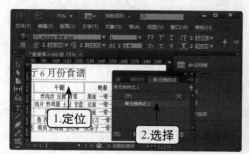

图6-62　应用单元格样式

职工餐厅6月份食谱

	早餐	午餐	晚餐
星期一	膜子面 一小菜	炒肉丝 豆腐 青菜	黑面 一荤一素
星期二	慢头 鸡蛋 二小菜	肉片 炒鸡蛋 土豆 甘蓝	豆面 一荤一素
星期三	馒头 粉汤	鸡 豆腐 萝卜	荞面 一荤一凉
星期四	包子 一小菜 稀饭	鱼 西红柿 白菜 豆芽	转白刀 一荤一素
星期五	花卷 鸡蛋 一小菜 粥	炖肉 炒鸡蛋 空心菜	拉条子 一荤一凉

综合项目　制作生产计划表

本章通过多个范例对Indesign CC中样式的创建、编辑及应用进行了详细讲解，下面将进一步利用综合范例熟悉并巩固这些操作的使用。本范例将重点涉及字符、段落和对象样式的创建、编辑和应用等操作，具体流程如图6-63所示。

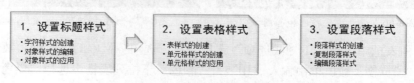

图6-63　操作流程示意图

素材文件	素材\第6章\生产计划.indd
效果文件	效果\第6章\生产计划.indd
动画演示	动画\第6章\6-1.swf、6-2.swf、6-3.swf

1. 设置标题样式

下面首先启动Indesign CC，然后创建字符样式和对象样式应用于标题内容，其中涉及字符样式和对象样式的创建、编辑和应用等操作，其操作步骤如下。

01 启动Indesign CC并打开素材提供的"生产计划.indd"文档，按【Shift+F11】组合键打开"字符样式"面板。

02 单击右上方的"展开菜单"按钮，在弹出的下拉菜单中选择"新建字符样式"命令，如图6-64所示。

03 打开"字符样式选项"对话框，在左侧列表框中选择"基本字符格式"选项，在"样式名称"文本框中输入"标题样式"，在"字体系列"下拉列表框中选择"华文楷体"选项，在"大小"数值框中输入"36"，选择下方"下划线"复选框，如图6-65所示。

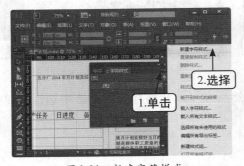

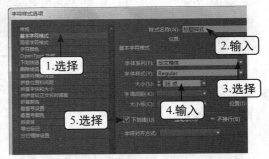

图6-64　新建字符样式　　　　　　　图6-65　设置名称、字体系列、大小等

04 在左侧列表框中选择"字符颜色"选项，在右侧列表框中选择"C=0 M=0 Y=100 K=0"选项，在"色调"数值框中输入"70"，如图6-66所示。

05 继续在列表框右侧单击"描边"按钮，在列表框中选择"黑色"选项，在"色调"数值框中输入"80"，在"粗细"数值框中输入"3"，如图6-67所示。

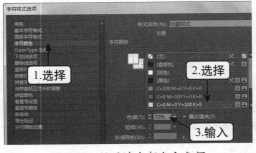

图6-66　设置填充颜色和色调　　　　　图6-67　设置描边颜色、色调和粗细

06 在左侧列表框中选择"下划线选项"选项，在"选项"栏中的"粗细"数值框中输入"3"，"位移"数值框中输入"10"，"颜色"下拉列表框中选择"黑色"，确认设置，如图6-68所示。

07 全选标题文本，在"字符"样式面板中选择"标题样式"选项，如图6-69所示。

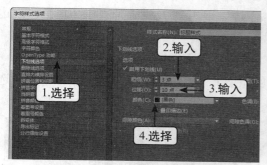

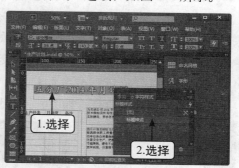

图6-68 设置下划线粗细、位移和颜色　　　　图6-69 应用标题样式

08 按【Esc】键退出文本编辑状态并选择此文本框，设置"属性栏"中"X"、"Y"、"W"、"H"分别为"142.5毫米"、"26.5毫米"、"183毫米"、"13毫米"，按【Enter】键，如图6-70所示。

09 按【Ctrl+F7】组合键，打开"对象样式"面板。

10 单击右上方的"展开菜单"按钮，在弹出的下拉菜单中选择"新建对象样式"命令，如图6-71所示。

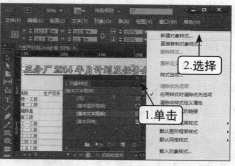

图6-70 设置文本框位置和大小　　　　图6-71 新建对象样式

11 打开"对象样式选项"对话框，在"样式名称"文本框中输入"标题样式"，在左侧"效果"下拉列表框中选择"对象"选项，在下方列表框中选择"斜面和浮雕"选项，在右侧"结构"栏的"样式"下拉列表框中选择"外斜面"选项，确认设置，如图6-72所示。

12 此样式将应用于标题所在文本框上，完成操作。

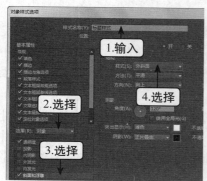

图6-72 设置斜面和浮雕样式

2. 设置表格样式

下面将创建表和单元格样式并应用于表格内容，其中涉及设置外表框、填色、内边距等表样式和单元格样式操作，其操作步骤如下。

01 选择【窗口】/【样式】/【表样式】菜单命令，如图6-73所示。

02 打开"表样式"面板，单击右上方的"展开菜单"按钮，在弹出的下拉菜单中选择"新建对象样式"命令，如图6-74所示。

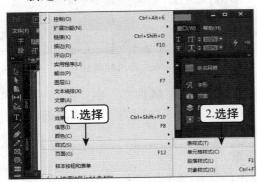
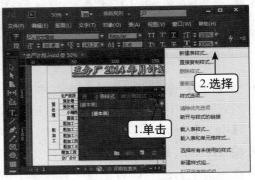

图6-73　选择表样式　　　　图6-74　新建表样式

03 打开"表样式选项"对话框，在左侧列表框中选择"表设置"选项，在"表外框"栏中的"粗细"数值框中输入"1.5"，在"颜色"下拉列表框中选择"C=15 M=100 Y=100 K=0"选项，如图6-75所示。

04 在左侧列表框中选择"行线"选项，在"交替模式"下拉列表框中选择"自定行"选项，在"交替"栏中的"后"数值框中输入"0"，在"粗细"数值框中输入"1.5"，在"颜色"下拉列表框中选择"C=15 M=100 Y=100 K=0"选项，如图6-76所示。

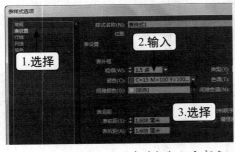
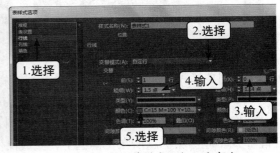

图6-75　设置表外框粗细和颜色　　　　图6-76　设置行线交替模式、粗细和颜色

05 在左侧列表框中选择"列线"选项，在"交替模式"下拉列表框中选择"自定列"选项，在"交替"栏中的"后"数值框中输入"0"，在"粗细"数值框中输入"1.5"，在"颜色"下拉列表框中选择"C=15 M=100 Y=100 K=0"选项，如图6-77所示。

06 在左侧列表框中选择"填色"选项，在"交替模式"下拉列表框中选择"自定列"选项，在"交替"栏中的"后"数值框中输入"4"，在"颜色"下拉列表框中选择"C=0 M=0 Y=100 K=0"选项，在"色调"数值框中输入"50"，单击　确定　按钮，如图6-78所示。

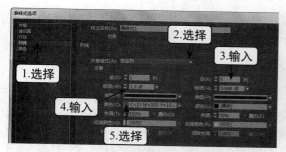

图6-77 设置列线交替模式、粗细和颜色

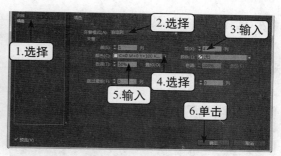

图6-78 设置填色交替模式、颜色和色调

07 将刚创建好的"表样式1"应用于表格。

08 选择【窗口】/【样式】/【单元格样式】菜单命令，如图6-79所示。

09 单击右上方的"展开菜单"按钮 ，在弹出的下拉菜单中选择"新建单元格样式"命令，如图6-80所示。

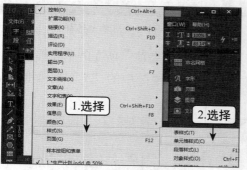

图6-79 选择"单元格样式"

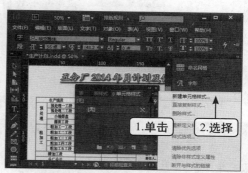

图6-80 新建单元格样式

10 打开"单元格样式选项"对话框，在左侧列表框中选择"文本"选项，单击"单元格内边距"栏中的"将所有设置设为相同"按钮 ，使其变为 状态，再在"上"、"下"数值框中都输入"2"，在"垂直对齐"栏中的"对齐"下拉列表框中选择"居中对齐"选项，确认设置，如图6-81所示。

11 按照上述新建单元格样式的方法，打开一个新的"新建单元格样式"对话框，在左侧列表框中选择"描边和填色"选项，在"单元格颜色"栏中的"颜色"下拉列表框中选择"C=0 M=0 Y=100 K=0"选项，在"色调"数值框中输入"50"，确认设置，如图6-82所示。

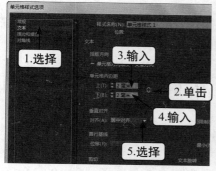

图6-81 设置内边距和居中对齐

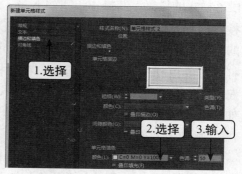

图6-82 设置填充颜色和色调

⑫ 选择"文字工具"，将鼠标移动到表格左上角处，当鼠标指针变为↘状态时单击，全选表格，再在"单元格样式"面板中选择"单元格样式1"选项，如图6-83所示。

⑬ 将插入光标定位在"生产任务"文本所在单元格，然后在"单元格样式"面板中选择"单元格样式2"选项，如图6-84所示。

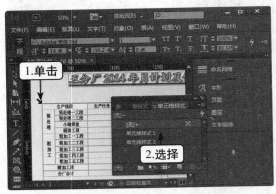

图6-83　应用单元格样式

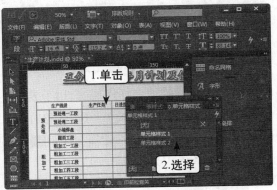

图6-84　应用单元格样式

⑭ 按上述方法依次应用"单元格样式2"到"日进度"和"备注"所在的单元格。

⑮ 利用"选择工具"选择该表格所在文本框，在"属性栏"中的"Y"数值框中输入"107"，按【Enter】键，如图6-85所示。

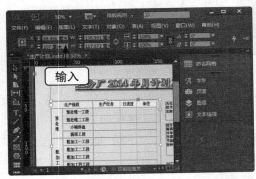

图6-85　移动文本框

3. 设置段落样式

下面将创建段落样式并应用于文本，其中涉及复制和编辑样式、设置首行缩进、制表符等段落样式的设置，其操作步骤如下。

① 按【F11】键，打开"段落样式"面板，单击右上方的"展开菜单"按钮，在弹出的下拉菜单中选择"新建段落样式"命令，如图6-86所示。

② 打开"段落样式选项"对话框，在"样式名称"文本框中输入"引导词样式"，在左侧列表框中选择"基本字符格式"选项，在右侧"大小"数值框中输入"14"，如图6-87所示。

③ 在左侧列表框中选择"缩进和间距"选项，在右侧"首行缩进"数值框中输入"10"，如图6-88所示。

④ 在左侧列表框中选择"字符颜色"选项，在右侧列表框中选择"C=100 M=90 Y=10

K=0" 选项，在"色调"数值框中输入"80"，确认设置，如图6-89所示。

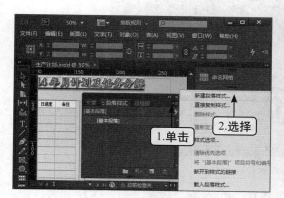

图6-86　新建段落样式

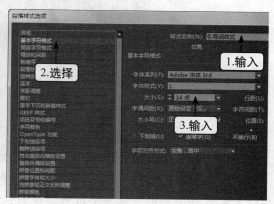

图6-87　设置字符大小

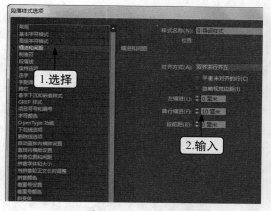

图6-88　设置首行缩进

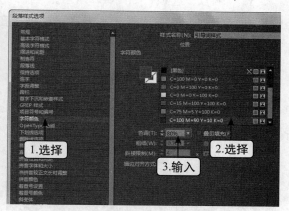

图6-89　设置字符颜色和色调

05 在"段落样式"面板中选择"引导词样式"选项，单击下方的"创建新样式"按钮，然后双击"段落样式1"选项，如图6-90所示。

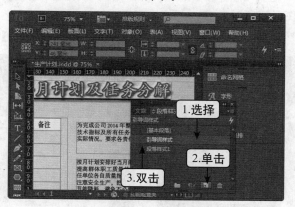

图6-90　复制样式

06 打开"段落样式选项"对话框，在左侧列表框中选择"缩进和间距"选项，在右侧"样式名称"文本框中输入"条件样式"文本，在"段后距"数值框中输入"2"，如图6-91所示。

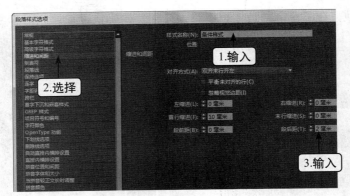

图6-91　设置名称和段后距

07 在左侧列表框中选择"项目符号和编号"选项，在右侧"列表类型"下拉列表框中选择"编号"选项，如图6-92所示。

08 在左侧列表框中选择"制表符"选项，在右侧标尺上方单击，再在"X"数值框中输入"16"，确认设置，如图6-93所示。

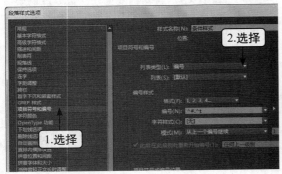

图6-92　创建编号

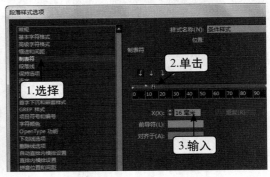

图6-93　设置制表符

09 利用"选择工具"选择表格右侧第一个文本框，在"段落样式"面板中选择"引导词样式"选项，如图6-94所示。

10 然后在"属性栏"中的"Y"数值框中输入"55.5"，按【Enter】键，如图6-95所示。

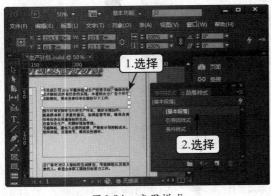

图6-94　应用样式

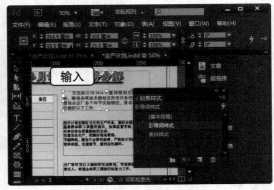

图6-95　移动文本框

11 选择表格右侧第二个文本框，在"段落样式"面板中选择"条件样式"选项，如

图6-96所示。

⑫ 然后在"属性栏"中的"Y"、"H"数值框中分别输入"102.5"、"57"，按
【Enter】键，如图6-97所示。

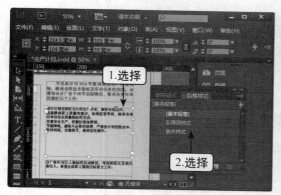

图6-96 应用样式

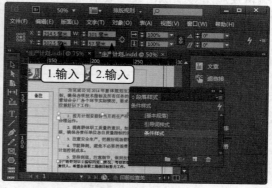

图6-97 移动文本框

⑬ 选择表格右侧第三个文本框，在"段落样式"面板中选择"引导词样式"选项，如
图6-98所示。

⑭ 然后在"属性栏"中的"Y"数值框中输入"147"，按【Enter】键，如图6-99所示。

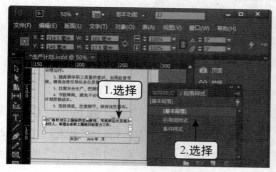

图6-98 应用样式

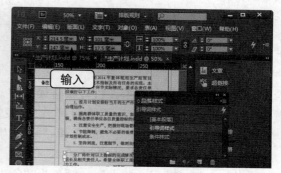

图6-99 移动文本框

⑮ 同样将"引导词样式"应用到第四个文本框，然后在"属性栏"中设置"X"、
"Y"、"W"、"H"分别为"235毫米"、"166毫米"、"81毫米"、"7毫
米"，按【Enter】键，如图6-100所示。

图6-100 移动文本框

课后练习1 日报表的优化

本次练习将重点巩固创建表和单元格样式的操作，主要包括表和单元格样式的创建、编辑及应用等知识，最终效果如图6-101所示。

素材文件	素材\第6章\日报表.indd
效果文件	效果\第6章\日报表.indd

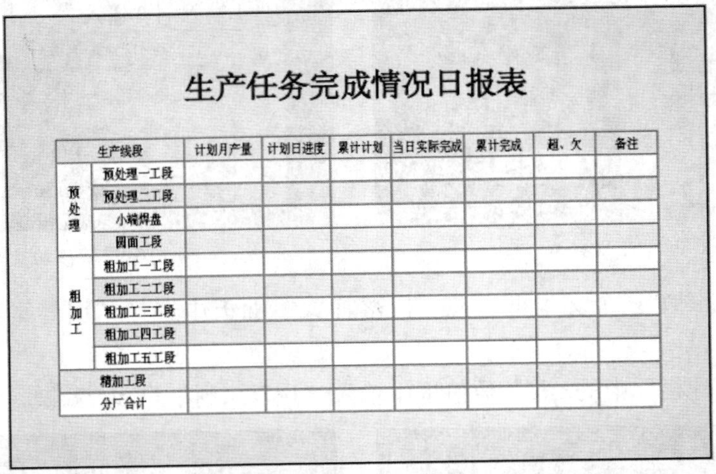
生产任务完成情况日报表

生产线段		计划月产量	计划日进度	累计计划	当日实际完成	累计完成	超、欠	备注
预处理	预处理一工段							
	预处理二工段							
	小端焊盘							
	圆面工段							
粗加工	粗加工一工段							
	粗加工二工段							
	粗加工三工段							
	粗加工四工段							
	粗加工五工段							
精加工段								
分厂合计								

图6-101 “日报表”的效果

练习提示：

（1）启动Indesign CC，打开素材提供的“日报表.indd”文档。

（2）新建一个名称为“练习1”；“表外框”的“粗细”为“2”，颜色为“C=100 M=0 Y=0 K=0”；“行线”的交替“前”为“1”行，“后”为“0”行，“粗细”为“2点”，颜色为“C=100 M=0 Y=0 K=0”；“列线”的交替“前”为“1”行，“后”为“0”行，“粗细”为“2点”，颜色为“C=100 M=0 Y=0 K=0”。

（3）“填色”的“交替模式”为“每隔一行”，前1行的“颜色”为“纸色”，“跳过最前”设置为“1”行的表样式。

（4）将该样式应用于表格。

（5）新建一个名为“练习1”，“单元格内边距”的“上”、“下”都为“2毫米”的单元格样式。

（6）将该样式应用于整个表格，完成操作。

课后练习2 制作横幅广告

本次练习将重点巩固创建字符和对象样式的操作，主要包括字符和对象样式的创建、编辑及应用等知识，最终效果如图6-102所示。

素材文件	素材\第6章\横幅广告.indd
效果文件	效果\第6章\横幅广告.indd

图6-102 "横幅广告"的效果

练习提示：

（1）启动Indesign CC，打开素材提供的"横幅广告.indd"文档。

（2）新建一个名称为"广告语样式"；"基本字符格式"的"字体系列"为"方正粗倩简体"，"大小"为"48点"；"字符颜色"的"填色"为"C=100 M=90 Y=10 K=0"，"色调"为"80%"，"描边"为"纸色"，"粗细"为"2毫米"的字符样式。

（3）将该样式应用于"冰凉夏天"文本。

（4）新建一个名称为"广告语样式2"；"基本字符格式"的"字体系列"为"方正粗倩简体"，"大小"为"30点"；"字符颜色"的"填色"为"C=75 M=5 Y=100 K=0"，"色调"为"90%"，"描边"为"纸色"，"粗细"为"2毫米"的字符样式。

（5）将该样式应用于"有你更清凉"文本。

（6）新建一个名称为"英文字符"；"字符颜色"的"填色"为"纸色"，"描边"为"无"的字符样式。

（7）将该样式应用于所有的"SUMMER"文本。

（8）新建一个名称为"对象样式1"；"基本属性"的"填色"为"C=0 M=100 Y=0 K=0"，"色调"为"60%"，"描边"为"无"的对象样式。

（9）将该样式应用于左侧下面一朵花朵图形和右侧下面三朵花朵图形。

（10）新建一个名称为"对象样式2"；"基本属性"的"填色"为"纸色"，"描边"为"无"；"效果"的"透明度"为"50%"的对象样式。

（11）将该样式应用于左侧上面三朵花朵图形、右侧上面一朵花朵图形和版面下方波浪图形，至此完成所有的操作。

课后练习3　问答文档的编辑

本次练习将重点巩固创建段落样式的操作，主要包括段落样式的新建、编辑及应用等知识，最终效果如图6-103所示。

素材文件	素材\第6章\氨氮问答.indd
效果文件	效果\第6章\氨氮问答.indd

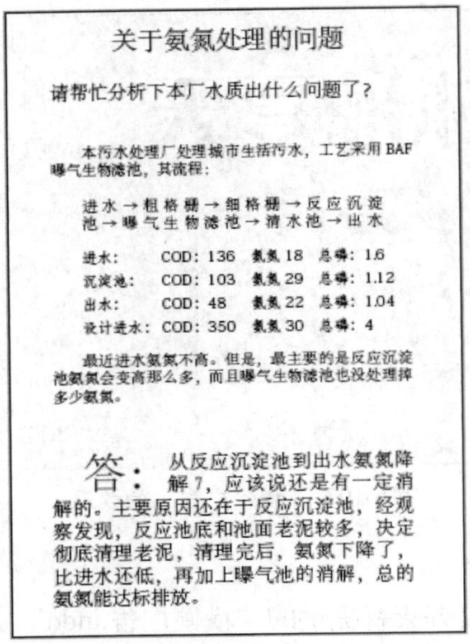

关于氨氮处理的问题

请帮忙分析下本厂水质出什么问题了？

本污水处理厂处理城市生活污水，工艺采用BAF曝气生物滤池，其流程：

进水 → 粗格栅 → 细格栅 → 反应沉淀池 → 曝气生物滤池 → 清水池 → 出水

进水：　　　COD：136　氨氮18　总磷：1.6
沉淀池：　　COD：103　氨氮29　总磷：1.12
出水：　　　COD：48　　氨氮22　总磷：1.04
设计进水：　COD：350　氨氮30　总磷：4

最近进水氨氮不高。但是，最主要的是反应沉淀池氨氮会变高那么多，而且曝气生物滤池也没处理掉多少氨氮。

答：从反应沉淀池到出水氨氮降解7，应该说还是有一定消解的。主要原因还在于反应沉淀池，经观察发现，反应池底和池面老泥较多，决定彻底清理老泥，清理完后，氨氮下降了，比进水还低，再加上曝气池的消解，总的氨氮能达标排放。

图6-103　"氨氮问答"的效果

练习提示：

（1）启动Indesign CC，打开素材提供的"氨氮问答.indd"文档。

（2）新建一个名称为"段落样式1"；"缩进和间距"的"首行缩进"为"10毫米"的段落样式。

（3）将该样式应用于从上往下数第3个和第6个文本框。

（4）新建一个名称为"段落样式2"；"缩进和间距"的"对齐方式"为"强制双齐"；"左缩进"和"右缩进"均为"10毫米"的段落样式。

（5）将该样式应用于从上往下数第4个文本框。

（6）新建一个名称为"段落样式3"；"缩进和间距"的"左缩进"为"10毫米"，"段后距"为"2毫米"；"制表符"的第一个标记的"X"为"36毫米"、第二个标记的"X"为"65毫米"、第三个标记的"X"为"87毫米"的段落样式。

（7）将该样式应用于从上往下数第5个文本框。

（8）复制"段落样式1"，然后编辑"段落样式4"，设置"字体大小"为"18点"，"首字下沉"的"行数"为"2"、"字数"为"2"。

（9）将该样式应用于最后一个文本框，至此便完成所有操作。

第7章
图文处理与图层的
应用

　　图文处理与图层的应用在设计制作中是非常重要的操作步骤，不仅能够使文本和图像的排列井然有序，而且通过图层的应用能非常清晰地编辑各个图像元素。本章将介绍图文的处理操作，包括路径文字工具的使用、文本绕排、图形框架的新建、填色，剪切路径，图层的复制、合并、删除和新建等内容。

路径文字工具所创建的文字是按一定的路径形状排列的，比如按照矩形、圆形等。文字的排列形状取决于路径的形状，当路径形状发生改变时，文字的排列形状也会发生相应的改变。

素材文件	素材\第7章\商店.indd
效果文件	效果\第7章\商店.indd
动画演示	动画\第7章\103.swf

下面通过运用路径文字工具创建弧形排列的文字为例，介绍路径文字工具的使用方法，其操作步骤如下。

01 打开素材提供的"商店.indd"文档，利用"椭圆工具"在版面左侧创建一个椭圆路径，如图7-1所示。

02 在左侧"工具栏"中的"文字工具"按钮 **T** 上单击鼠标右键，在弹出的快捷菜单中选择"路径文字工具"命令，或按【Shift+T】组合键，如图7-2所示。

图7-1 绘制椭圆

图7-2 选择"路径文字工具"

03 移动鼠标到路径上，当鼠标指针右下角出现"+"号并变为 状态时单击，如图7-3所示。

04 然后输入"寂静有你相随"文本，如图7-4所示。

图7-3 插入路径文字

图7-4 输入路径文字

05 全选择文本，在上方"属性栏"中的"字体大小"数值框中输入"40"，按【Enter】键，如图7-5所示。

06 单击"选择工具"按钮 ↖，移动鼠标指针到文本左侧靠左的边框处，当鼠标指针变为 ↖状态时，向左下方拖动鼠标到适当位置，如图7-6所示。

图7-5 设置文字大小

图7-6 移动文本左边框

07 再将鼠标指针移动到文本左侧剩余的一个边框处，当鼠标指针变为 ↖状态时，向左下方拖动鼠标到适当位置，如图7-7所示。

08 选择椭圆图形路径将其描边设为"无"。

图7-7 移动路径文本

Example 实例 104 垂直路径文字工具

在设计制作中，可能会遇到将文字沿路径方向呈竖状排列的情况，此时，可利用 Indesign CC提供的垂直路径文字工具，轻松实现文字竖立状态沿路径排列的效果。

素材文件	素材\第7章\甜点.indd
效果文件	效果\第7章\甜点.indd
动画演示	动画\第7章\104.swf

下面通过运用垂直路径文字工具创建曲线排列的文字为例，介绍垂直路径文字工具的使用方法，其操作步骤如下。

01 打开素材提供的"甜点.indd"文档，利用钢笔工具绘制曲线，如图7-8所示。

02 在左侧"工具栏"中的"文字工具"按钮 T 上单击鼠标右键，在弹出的快捷菜单中选择"垂直路径文字工具"命令，如图7-9所示。

图7-8 绘制曲线

图7-9 选择"垂直路径文字工具"

03 在路径上单击，输入"我的甜美生活，我的时光甜品"，如图7-10所示。

04 全选文本，在"属性栏"中将其大小设为"16点"，如图7-11所示。

图7-10 输入文本

图7-11 设置字体大小

05 继续在"属性栏"中，单击"填色"按钮▶，在弹出的下拉列表中选择"纸色"选项，如图7-12所示。

图7-12 设置填色

Example 实例 **105 将文字转换成图形**

在Indesign CC中可以把文字转换成图形状态，转换后的文字就拥有图形对象一样的属性，比如出现节点、调整节点等。在设计制作过程中，当需要对文字作特殊处理时，就可能会用到将文字转换成图形此项功能。

素材文件	素材\第7章\女人坊招牌.indd
效果文件	效果\第7章\女人坊招牌.indd
动画演示	动画\第7章\105.swf

下面以转换"人"字为图形，并移动其节点为例，介绍将文字转换成图形的方法，其操作步骤如下。

01 打开素材提供的"女人坊招牌.indd"文档,选择"人"文本所在的文本框,选择【文字】/【创建轮廓】菜单命令,或按【Ctrl+Shift+O】组合键,如图7-13所示。

专家课堂

同一文本框中单独字符转换为图形

如在同一个文本框中需要转换某一个或几个字符,可以只选择需要转换为图形的字符后再进行转换操作,该操作转换后的字符可以脱离文本框进行单独编辑。

02 利用"直接选择工具"拖动节点到适当位置,如图7-14所示。

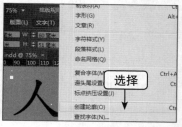

图7-13 字符转换成图形

图7-14 移动节点位置

Example 实例 106 设置沿定界框绕排

沿定界框绕排是指文字围绕图形的框架进行排列的一种方式。在文字较多、文字上又有图像的时候运用较多。

素材文件	素材\第7章\五角星.indd
效果文件	效果\第7章\五角星.indd
动画演示	动画\第7章\106.swf

下面以文本围绕五角星图像框架绕排的方式为例,介绍设置沿定界框绕排的方法,其操作步骤如下。

01 打开素材提供的"五角星.indd"文档,选择五角星图形,选择【窗口】/【文本绕排】菜单命令,如图7-15所示。

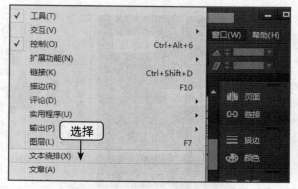

图7-15 选择"文本绕排"

02 打开"文本绕排"面板，单击"沿定界框绕排"按钮▣，单击下方"将所有设置设为相同"按钮▣，在"右位移"数值框中输入"5"，在"绕排选项"栏的"绕排至"下拉列表框中选择"右侧"选项，如图7-16所示。

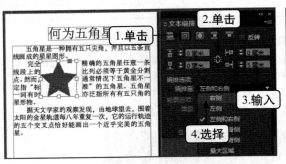

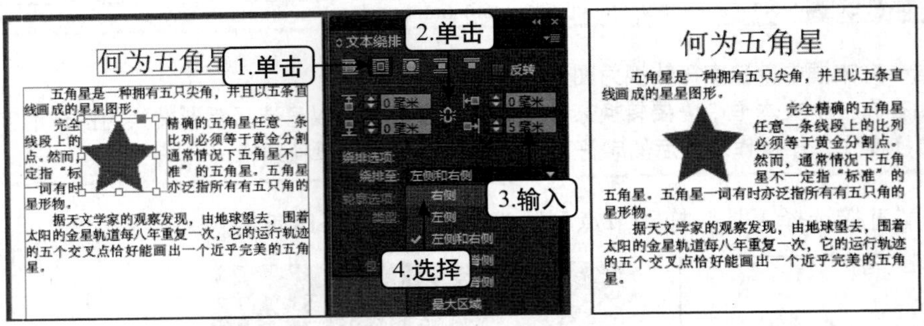

图7-16 设置绕排方式

Example 实例 107 设置沿对象形状绕排

沿对象形状绕排是指文字围绕图形的形状进行排列的方式。

素材文件	素材\第7章\五角星.indd
效果文件	效果\第7章\五角星的说明.indd
动画演示	动画\第7章\107.swf

下面以文本围绕五角星路径图像绕排的方式为例，介绍设置沿对象形状绕排的方法，其操作步骤如下。

01 打开素材提供的"五角星.indd"文档，选择五角星图形，选择【窗口】/【文本绕排】菜单命令，如图7-17所示。

02 打开"文本绕排"面板，单击"沿对象形状绕排"按钮▣，在"上位移"数值框中输入"3"，按【Enter】键，如图7-18所示。

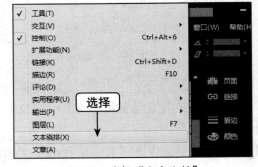

图7-17 选择"文本绕排"

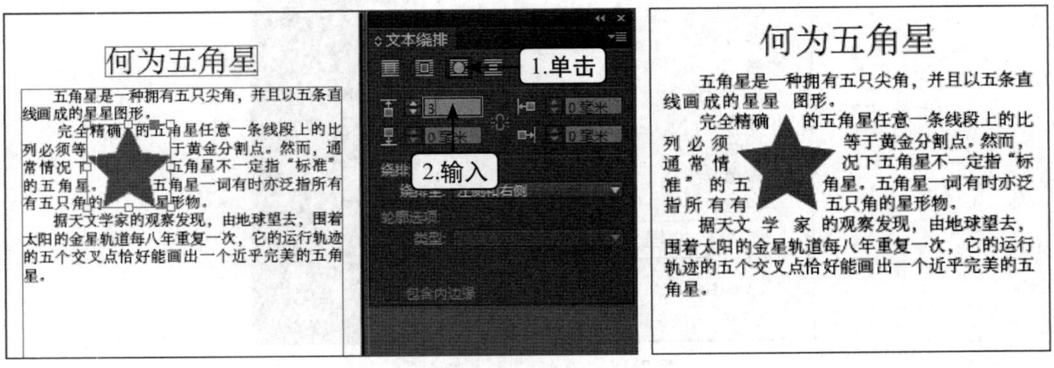

图7-18 设置绕排方式

Example 实例 108 设置上下型绕排

上下型绕排是指文字排列在图形的上方和下方，并在图形所在的横向范围内没有文字的一种排列方式。

素材文件	素材\第7章\五角星.indd
效果文件	效果\第7章\解释五角星.indd
动画演示	动画\第7章\108.swf

下面以文本处于五角星路径图像上方和下方绕排的方式为例，介绍设置上下型绕排的方法，其操作步骤如下。

01 打开素材提供的"五角星.indd"文档，选择五角星图形，选择【窗口】/【文本绕排】菜单命令，如图7-19所示。

02 打开"文本绕排"面板，单击"上下型绕排"按钮■，如图7-20所示。

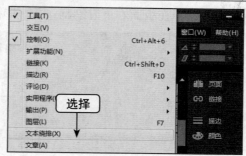

图7-19 选择"文本绕排"

图7-20 设置绕排方式

Example 实例 109 新建图形框架

图形框架工具主要是指在版面中给图像指定位置，使用图形框架工具绘制出来的是空白框架，没有任何内容，也不参与打印。

素材文件	素材\第7章\黑天鹅.indd
效果文件	效果\第7章\矩形框架.indd
动画演示	动画\第7章\109.swf

下面以在素材文档中创建矩形框架为例，介绍新建图形框架的方法，其操作步骤如下。

01 打开素材提供的"黑天鹅.indd"文档，单击"工具栏"中的"矩形框架工具"按钮■，如图7-21所示。

图7-21 选择"矩形框架工具"

02 拖动鼠标在版面右下方绘制一个矩形框架，如图7-22所示。

图7-22 绘制矩形框架

Example **实例** **110** 为框架添加内容

在框架中添加内容之前，需要先设置框架的相关要素，包括内容适合框架、按比例适合内容、剪裁的量等元素。此外，在框架中还可以添加图像、图形和文本等内容。

素材文件	素材\第7章\黑天鹅\矩形框架.indd、黑天鹅.jpg
效果文件	效果\第7章\黑天鹅.indd
动画演示	动画\第7章\110.swf

下面以在素材文档中的矩形框架中添加图像为例，介绍为图形框架添加内容的方法，其操作步骤如下。

01 打开素材提供的"矩形框架.indd"文档，选择矩形框架，在矩形框架上单击鼠标右键，在弹出的快捷菜单中选择【适合】/【框架适合选项】命令，或选择【对象】/【适合】/【框架适合选项】菜单命令，如图7-23所示。

02 打开"框架适合选项"对话框，在"适合内容"栏的"适合"下拉列表框中选择"内容适合框架"选项，确认设置，如图7-24所示。

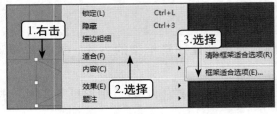

图7-23 选择"框架适合选项"

图7-24 设置适合类型

03 按【Ctrl+D】组合键入素材提供的"黑天鹅.jpg"图像,在矩形框架中单击,如图7-25所示。

图7-25　置入图像

Example 实例 111 设置框架形状

在Indesign CC中可以将框架的形状更改为不同的几何图形,也可以手动拖动改变框架为不规则的形状,当框架形状发生改变时,其中的对象也会随之发生变化。

素材文件	素材\第7章\黑天鹅\黑天鹅2.indd
效果文件	效果\第7章\黑天鹅2.indd
动画演示	动画\第7章\111.swf

下面以改变素材文档中的矩形框架为椭圆形为例,介绍设置框架形状的方法,其操作步骤如下。

01 打开素材提供的"黑天鹅2.indd"文档,选择矩形框架。

02 选择【窗口】/【对象和版面】/【路径查找器】菜单命令,如图7-26所示。

03 打开"路径查找器"面板,单击"转换形状"栏中的"转换为椭圆形"按钮◯,如图7-27所示。

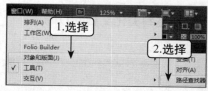

图7-26　选择"路径查找器"　　　　图7-27　转换为椭圆形

专家课堂

自由变换框架形状

选择"工具栏"中的"直接选择工具",然后在框架中拖动需要移动的节点,便可以自由更改框架的形状。

Example 实例 112 填充框架颜色

在Indesign CC中,将框架进行填色和描边的设置方法与路径图形的设置方法一样。

素材文件	素材\第7章\新店开幕.indd
效果文件	效果\第7章\新店开幕.indd
动画演示	动画\第7章\112.swf

下面以绘制五角星框架，并填充其颜色为红色为例，介绍填充框架颜色的方法，其操作步骤如下。

01 打开素材提供的"新店开幕.indd"文档，在"工具栏"中的"矩形框架工具"按钮⊠处单击鼠标右键，在弹出的下拉菜单中选择"多边形椭圆工具"命令，再在版面上方拖动鼠标绘制一个五角星，如图7-28所示。

专家课堂

多边形的设置
双击"多边形框架工具"按钮⊠，可对多边形的"边数"和"星形内陷"进行设置。

02 在"属性栏"中单击"填色"按钮▶，在弹出的下拉列表中选择"C=15 M=100 Y=100 K=0"选项，如图7-29所示。

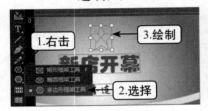

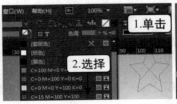

图7-28　绘制多边形　　　　　　　　　　　　　　图7-29　填充颜色

Example 实例 113 在框架中调整内容

用户可根据框架的形状适当对其显示的内容作出调整，从而达到美化文档的目的。

素材文件	素材\第7章\菊花展.indd
效果文件	效果\第7章\菊花展.indd
动画演示	动画\第7章\113.swf

下面以调整圆角矩形中图像内容的位置为例，介绍在框架中调整内容的方法，其操作步骤如下。

01 打开素材提供的"菊花展.indd"文档，在圆角矩形框架上双击，使鼠标指针变为🖐状态，或者选择"直接选择工具"，如图7-30所示。

02 拖动鼠标到适当位置释放，如图7-31所示。

图7-30　选择圆角矩形　　　　　　　　　　　　图7-31　移动圆角矩形

剪切路径是指裁剪掉部分图像，剩余的图像通过创建的形状显示出来。剪切路径后可以使用直接选择工具和工具箱中的其他绘制工具自由地修改剪切的路径，不会影响图形框架。

素材文件	素材\第7章\福如东海.indd
效果文件	效果\第7章\福如东海.indd
动画演示	动画\第7章\114.swf

下面以剪切素材文档中的花图像为例，介绍使用检测边缘剪切路径的方法，其操作步骤如下。

01 打开素材提供的"福如东海.indd"文档，选择花图像。

02 选择【对象】/【剪切路径】/【选项】菜单命令，如图7-32所示。

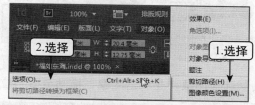

图7-32 选择"剪切路径"选项

03 打开"剪切路径"对话框，在"类型"下拉列表框中选择"检测边缘"选项，在"阈值"文本框中输入"111"，在"容差"文本框中输入"5"，在"内陷框"文本框中输入"5"，确认设置，如图7-33所示。

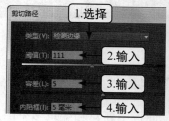 

图7-33 设置类型、阈值等

专家课堂

剪切路径的其他类型

路径剪切的其他类型包括：alpha通道剪切、photoshop路径剪切等，其用途主要是针对不同类型的图像，选择使用不同类型的剪切方式。如后缀名为.psd的photoshop图像，除了可以使用检测边缘剪切，还可以使用alpha通道剪切。

Example 实例 **115** 将剪切路径转换为框架

将剪切的路径转换为框架后，不管如何移动图像都是以剪切的路径的形状显示出来，在不移动框架的前提下，移动图像不能改变形状的位置。

素材文件	素材\第7章\福如东海2.indd
效果文件	效果\第7章\福如东海2.indd
动画演示	动画\第7章\115.swf

下面以把剪切好的路径转换为框架并移动图像为例，介绍将剪切路径转换为框架的方法，其操作步骤如下。

01 打开素材提供的"福如东海2.indd"文档，选择花图像所在的文本框。

02 选择【对象】/【剪切路径】/【将剪切路径转换为框架】菜单命令，如图7-34所示。

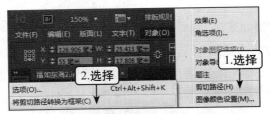

图7-34　将剪切路径转换为框架

03 利用"直接选择工具"选择图像，并双击图像，拖动至适当位置，如图7-35所示。

图7-35　移动图像

Example 实例 **116 新建、隐藏等图层的管理**

每个文档至少包含一个图层，用户可以在"图层"面板中新建和编辑多个图层，而不会影响到未编辑图层的内容。

素材文件	素材\第7章\冰凉夏天.indd
效果文件	效果\第7章\冰凉夏天.indd
动画演示	动画\第7章\116.swf

下面以新建一个图层并把已有图层中的对象复制到新建的图层中为例，介绍新建、隐藏等图层的管理方法，其操作步骤如下。

01 打开素材提供的"冰凉夏天.indd"文档，选择【窗口】/【图层】菜单命令，或按【F7】键，如图7-36所示。

02 打开"图层"面板，单击右上方"展开菜单"按钮，在弹出的下拉菜单中选择"新建图层"命令，如图7-37所示。

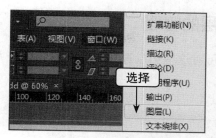
图7-36　打开图层面板

图7-37　新建图层

03 打开"新建图层"对话框，在"名称"文本框中输入"字母"文本，确认设置，如图7-38所示。

04 选择版面中"Fashion"文本框，按【Ctrl+C】组合键复制该文本，然后在"图层"面板中单击"字母"图层选项，如图7-39所示。

05 单击"图层1"选项前面的"切换可视性"标记 👁，如图7-40所示。

图7-38　输入名称

图7-39　复制文本框

图7-40　隐藏图层

06 按【Ctrl+V】组合键粘贴文本框到"字母"图层中，然后拖动文本框到适当位置，如图7-41所示。

07 单击"字母"选项前面空白处"切换图层锁定"标记 ■，如图7-42所示。

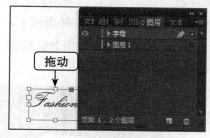
图7-41　粘贴文本框

图7-42　锁定图层

08 再单击"图层1"选项最前面空白处"切换可视性"标记 ■，如图7-43所示。

图7-43　显示"图层1"图层

Example 实例
117 复制、删除等图层的管理

当在"图层"面板中已有多个图层时，用户可对这些图层进行复制、删除、合并、更改图层选项等操作。

素材文件	素材\第7章\冰凉夏天2.indd
效果文件	效果\第7章\冰凉夏天2.indd
动画演示	动画\第7章\117.swf

下面以复制"红花"图层并将其与"百花"图层合并，删除"红花复制"图层为例，介绍复制、删除等图层的管理方法，其操作步骤如下。

01 打开素材提供的"冰凉夏天2.indd"文档，按【F7】键打开"图层"面板，选择"红花"选项，单击右上方"展开菜单"按钮 ▼，在弹出的下拉菜单中选择复制图层"红花"命令，如图7-44所示。

02 在版面中拖动左下方红色花朵图形到适当位置，如图7-45所示。

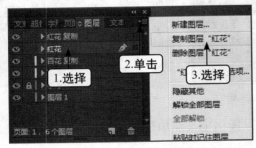

图7-44　复制图层

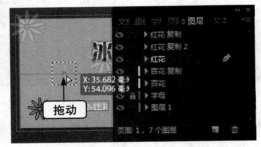

图7-45　移动图形

03 选择"红花"图层，按住【Ctrl】键不放，再选择"百花"图层，单击右上方"展开菜单"按钮 ▼，在弹出的下拉菜单中选择"合并图层"命令，如图7-46所示。

04 单击"红花复制"图层，单击下方"删除选定图层"按钮 ，弹出对话框确认设置，如图7-47所示。

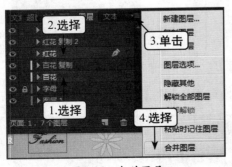

图7-46　合并图层

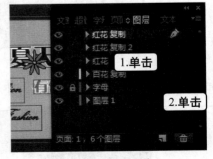

图7-47　删除图层

05 双击"百花 复制"图层，如图7-48所示。

06 打开"图层选项"对话框，取消选择"打印图层"复选框，确认设置，如图7-49所示。

图7-48 打开图层选项

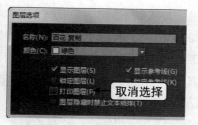
图7-49 取消选择"打印图层"

07 至此便完成所有设置，最终效果如图7-50所示。

图7-50 最终效果

专家课堂

什么是打印图层
当取消选择"打印图层"复选框后，该图层不参与打印，但是在文档中同样存在该图层。

综合项目 制作店铺简介

本章通过多个范例对Indesign CC的图文处理与图层的应用进行了详细讲解，下面将综合学习这些操作和应用，进一步巩固这些知识点。本范例将通过制作店铺简介为例，详细讲解垂直路径文字工具、将文字转换成图形、文本绕排、新建图形框架、为框架添加内容等操作，具体流程如图7-51所示。

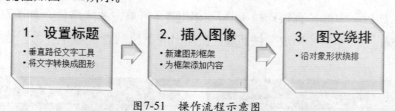
图7-51 操作流程示意图

素材文件	素材\第7章\店铺简介.indd、茶餐厅.jpg
效果文件	效果\第7章\店铺简介.indd
动画演示	动画\第7章\7-1.swf、7-2.swf、7-3.swf

1.设置标题

下面首先启动Indesign CC，然后创建路径文字及将文字转换为图形并对文字和图形进行设置，其操作步骤如下。

01 启动Indesign CC，打开素材提供的"店铺简介.indd文档"，然后在左侧工具栏中单击"钢笔工具"按钮，在版面图像左上方绘制一条曲线，如图7-52所示。

02 在"工具栏"中的"文字工具"按钮上单击鼠标右键，在弹出的下拉菜单中选择"垂直路径文字工具"命令，如图7-53所示。

图7-52 绘制路径

图7-53 选择"垂直路径文字工具"

03 移动鼠标到刚创建的曲线路径上，当鼠标指针变为 状态时单击，然后输入"茶餐厅"文本，如图7-54所示。

04 全选"茶餐厅"文本，在上方"属性栏"中的"字体系列"下拉列表框中选择"隶书"选项，在"字体大小"数值框中输入"36"，按【Enter】键，如图7-55所示。

图7-54 输入文本

图7-55 设置字体和大小

05 单击"工具栏"中的"直接选择工具"按钮，再单击曲线路径，如图7-56所示。

06 在"属性栏"中单击"描边"按钮，在弹出的下拉列表中选择"无"选项，如图7-57所示。

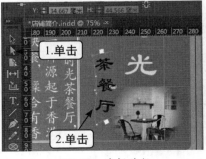

图7-56 选择路径

图7-57 设置描边

07 选择"光"文本，选择【文字】/【创建轮廓】菜单命令，如图7-58所示。

08 单击"工具栏"中的"直接选择工具"按钮 ，在"光"文本中拖动节点到适当位置，如图7-59所示。

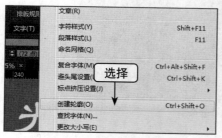

图7-58 创建轮廓

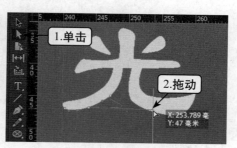

图7-59 移动节点

2. 插入图像

下面将创建图形框架，然后置入图片，其中涉及新建图形框架、为框架添加内容等方法，其操作步骤如下。

01 在"工具栏"中的"矩形框架工具"按钮 上单击鼠标右键，在弹出的下拉菜单中选择"椭圆框架工具"命令，如图7-60所示。

02 在版面的文本中拖动鼠标创建一个椭圆框架，如图7-61所示。

图7-60 选择"椭圆框架工具"

图7-61 绘制椭圆框架

03 选择【对象】/【适合】/【框架适合选项】菜单命令，如图7-62所示。

04 打开"框架适合选项"对话框，在"适合内容"栏的"适合"下拉列表框中选择"内容适合框架"选项，单击 确定 按钮，如图7-63所示。

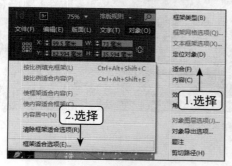

图7-62 选择"框架适合选项"

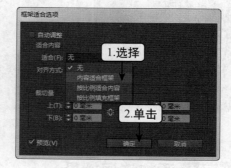

图7-63 设置适合类型

05 按【Ctrl+D】组合键置入素材提供的"茶餐厅.jpg"图片，在椭圆框架内单击，如图7-64所示。

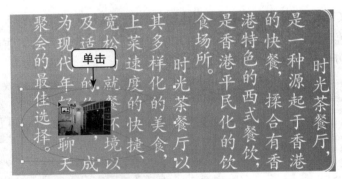

图7-64 置入图像

3. 文本绕排

下面将设置文本绕排使文本围绕图片周围排列，其中涉及沿对象形状绕排、移动文本框等方法，其操作步骤如下。

01 选择刚置入的图像所在的文本框，选择【窗口】/【文本绕排】菜单命令，如图7-65所示。

02 打开"文本绕排"面板，单击"沿对象形状绕排"按钮，在下方"上位移"数值框中输入"5"，如图7-66所示。

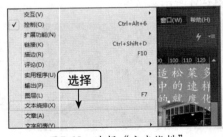

图7-65 选择"文本绕排"

图7-66 设置绕排类型和上位移

03 在"属性栏"中的"X"、"Y"数值框中分别输入"81.5"、"89.3"，按【Enter】键，如图7-67所示。

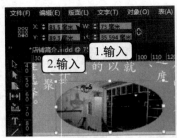

图7-67 移动文本框

课后练习1 添加诗词效果

本次练习将以添加诗词效果为例，重点巩固新建图形框架、为框架添加内容、填充框架颜色、使用检测边缘剪切路径等操作，最终效果如图7-68所示。

素材文件	素材\第7章\江南春.indd、花.jpg
效果文件	效果\第7章\江南春.indd

图7-68 "江南春"的效果

练习提示：

（1）启动Indesign CC，打开素材提供的"江南春.indd"文档。

（2）利用"矩形框架工具"在版面左下角创建一个"W"为"42毫米"、"H"为"28毫米"的矩形框架。

（3）设置其框架适合类型为"内容适合框架"。

（4）置入素材提供的"花.jpg"图像到矩形框架之中。

（5）运用"检测边缘"剪切路径，设置其"阈值"为"220"，选择"反转"，确认设置。

（6）将该框架的"填色"的"R"、"G"、"B"设置为"12"、"51"、"136"，"描边"的"粗细"设置为"2"，颜色为"C=15 M=100 Y=100 K=0"，"色调"为"70%"，完成所有设置。

课后练习2 制作"儿童节"横幅广告

本次练习将完善"儿童节"横幅广告的制作，重点巩固路径文字工具，图层的选择、锁定、新建、复制、删除和合并，移动复制图层对象等操作，最终效果如图7-69所示。

素材文件	素材\第7章\儿童节.indd
效果文件	效果\第7章\儿童节.indd

图7-69 "儿童节"横幅广告的效果

练习提示：

（1）启动Indesign CC，打开素材提供的"儿童节.indd"文档。

（2）利用"椭圆框架工具"在版面正上方绘制一个"W"和"H"分别为"195毫米"和"32毫米"的椭圆框架。

（3）使用"路径文字工具"在椭圆上方输入"是该我们玩的时候了"文本。

（4）全选择文本，设置其"字体系列"为"华文琥珀"，"字体大小"为"48点"，"填色"的"R"、"G"、"B"分别为"178"、"32"、"130"，"描边"的"粗细"为"2点"、颜色为"纸色"。

（5）选择椭圆框架，设置其"描边"为"无"。

（6）打开"图层"面板，锁定"图层1"。

（7）打开"图层"面板，将"椭圆"面板删除。

（8）复制"圆形"图层，名称为"圆形复制"，选择"圆形复制"图层，再选择版面中圆形，设置其"X"、"Y"分别为"20毫米"、"19.5毫米"。

（9）新建一个图层，名称为"圆形2"，"颜色"为"砖红色"。

（10）复制圆形到"圆形2"中，设置其位置的"X"、"Y"分别为"285毫米"、"43毫米"。

（11）复制"三角形"图层，名称为"三角形复制"，选择"三角形复制"图层，再选择版面中三角形，设置其"X"、"Y"分别为"219毫米"、"91毫米"。

（12）复制"四角形"图层，名称为"四角形复制"，选择"四角形复制"图层，再选择版面中四角形，设置其"X"、"Y"分别为"199毫米"、"83毫米"。

（13）最后将"七边形"、"四角形复制"、"四角形"、"三角形复制"、"三角形"、"圆形2"、"圆形复制"、"圆形"8个图层合并为一个图层，名称为"七边形"，完成所有操作。

中文版
Indesign CC
实例教程

第8章
长文档编排

对报刊、杂志、书籍等篇幅较长的出版物进行编排时，为了避免烦琐的机械式操作，我们可以利用Indesign CC强大的长篇文档的编排功能简化对文档的编辑操作。本章将介绍长文档编排方法，包括页面的插入和删除，创建与设置主页，创建目录、索引、书签、超链接，查找与更改的使用等内容。

Example 实例 **118 插入与删除页面**

在Indesign CC中可以在任意位置插入一个或多个页面，也可以对不需要的多余页面进行删除。

素材文件	素材\第8章\第一章.indd
效果文件	效果\第8章\第一章.indd
动画演示	动画\第8章\118.swf

下面以在第2页后面插入两页再将其删除为例，介绍插入与删除页面的方法，其操作步骤如下。

01 打开素材提供的"第一章.indd"文档，选择【窗口】/【页面】菜单命令，或按【F12】键，如图8-1所示。

02 打开"页面"面板，单击右上方"展开菜单"按钮 ，在弹出的下拉菜单中选择"插入页面"命令，如图8-2所示。

03 打开"插入页面"对话框，在"页数"文本框中输入"2"，在"插入"下拉列表框右侧的数值框中输入"2"，确认设置，如图8-3所示。

图8-1　打开"页面"面板

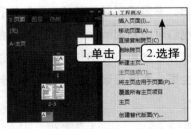
图8-2　选择"插入页面"

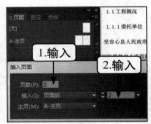
图8-3　设置页数和插入位置

04 选择"页面"面板中的第4页缩略图，在其上单击鼠标右键，然后在弹出的快捷菜单中选择"删除页面"命令，如图8-4所示。

05 选择"页面"面板中的第3页缩略图，单击下方的"删除选择页面"按钮 ，如图8-5所示。

图8-4　删除页面

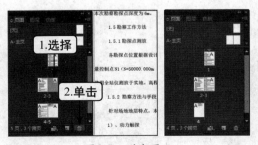
图8-5　删除页面

专家课堂

另一种删除页面的方法
直接拖动需要删除的页面到"删除选择页面"按钮 ，释放鼠标便可删除页面。

Example 实例 119 移动与复制页面

当用户需要复制某一页内容时，一般会先全选该页内容然后再新建一个页面进行复制，这样操作起来就比较麻烦，此时，可通过Indesign CC的"页面"面板快速复制页面。除此之外，在Indesign CC中还可以任意改变页面的排列顺序。

素材文件	素材\第8章\第一章.indd
效果文件	效果\第8章\第一章2.indd
动画演示	动画\第8章\119.swf

下面以复制第1页并将复制出来的第1页移动到第2页前面为例，介绍移动与复制页面的方法，其操作步骤如下。

01 打开素材提供的"第一章.indd"文档，按【F12】键打开"页面"面板，在第1页缩略图上单击鼠标右键，在弹出的快捷菜单中选择"直接复制跨页"命令，如图8-6所示。

02 选择复制的第1页，即"页面"面板中的第5页缩略图，单击鼠标右键，在弹出的快捷菜单中选择"移动页面"命令，如图8-7所示。

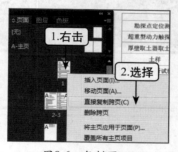
图8-6 复制页面

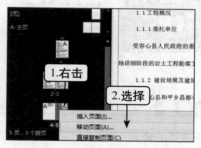
图8-7 选择"移动页面"

03 打开"移动页面"对话框，在"目标"下拉列表框中选择"页面前"选项，右侧数值框中输入"2"，单击 **确定** 按钮，如图8-8所示。

图8-8 设置移动页面目标

Example 实例 120 创建并设置主页

主页就像一个背景，其中的对象将快速显示在应用该主页的所有页面上，在主页上做出的修改会自动应用到相关的页面上。在主页上通常包含有重复出现的公司标志、页码、页眉和页脚等内容，也可以有空的文本框或图片框。

素材文件	素材\第8章\地质评价.indd
效果文件	效果\第8章\地质评价.indd
动画演示	动画\第8章\120.swf

下面以创建"前缀"为"B"，"名称"为"主页"，"页数"为"2"的主页并为主页添加内容为例，介绍创建并设置主页的方法，其操作步骤如下。

01 打开素材提供的"地质评价.indd"文档，按【F12】键打开"页面"面板，单击右上方"展开菜单"按钮 ▤ ，在弹出的下拉菜单中选择"新建主页"命令，如图8-9所示。

02 打开"新建主页"对话框，单击 确定 按钮，如图8-10所示。

图8-9 选择"新建主页"

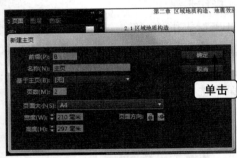

图8-10 新建主页

专家课堂

基于主页的含义
如选择基于A主页，是指新建的主页包含有A主页的所有内容，此时改变新建主页中的内容时，A主页的内容不会发生变化。

03 在"页面"版面中，双击"B-主页"栏的左侧缩略图，如图8-11所示。

04 在主页左侧页面的左下方绘制一个椭圆，如图8-12所示。

图8-11 移动显示左侧主页

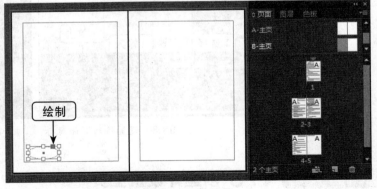

图8-12 绘制图形

05 单击"属性栏"中的"填色"按钮，在弹出的下拉列表中选择"C=100 M=0 Y=0 K=0"选项，如图8-13所示。

06 按【Ctrl+C】组合键复制该图形，再按【Ctrl+V】组合键粘贴该图形，拖动到主页右侧页面的右下方，如图8-14所示。

图8-13 填充颜色

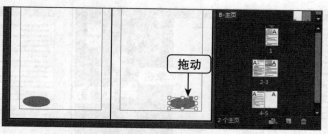

图8-14 新建主页

专家课堂

将普通页面转换成主页

　　如果需要将单个页面转换成主页，可在"页面"面板中选择该单页面缩略图，单击右上方"展开菜单"按钮，在弹出的下拉菜单中选择【主页】/【存储为主页】命令；如需要将跨页，即双页面转换成主页，则可在"页面"面板中单击该跨页缩略图下方数字，以选择该跨页缩略图，然后单击右上方"展开菜单"按钮，在弹出的下拉菜单中选择【主页】/【存储为主页】命令，如图8-15所示。

图8-15 将普通页面转换成主页

Example 实例 121 将主页应用于页面

　　Indesign CC默认的是将所有普通页面应用于主页的内容，如需要应用其他创建的主页内容就要对其进行设置。在Indesign CC中可以随意地将主页应用于单个页面、跨页或者多个页面。

素材文件	素材\第8章\地质评价2.indd
效果文件	效果\第8章\地质评价2.indd
动画演示	动画\第8章\121.swf

　　下面以将B-主页应用于2-3跨页和第5页单个页面为例，介绍将主页应用于页面的方法，其操作步骤如下。

01 打开素材提供的"地质评价2.indd"文档，按【F12】键打开"页面"面板，单击第5页缩略图，按住【Alt】键不放单击B-主页，如图8-16所示。

02 单击第2页和第3页缩略图下方数字2-3，按住【Alt】键不放单击B-主页，如图8-17所示。

图8-16 应用主页于单个页面

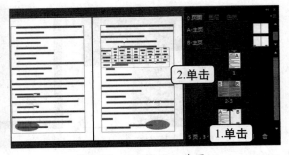

图8-17 应用主页于跨页

专家课堂

将主页应用于多个页面

按住【Ctrl】键或者【Shift】键不放选择需要应用主页的多个页面，释放按键再按住【Alt】键不放单击需要应用的主页，便可以将主页应用于多个页面。

Example 实例 122 设置页码及其格式

长篇文档在设置页码时，如果手动依次单个输入会很麻烦，而且还不能保证位置的一致性，Indesign CC为我们提供了快速便捷的页码设置方法，同时还可以更改页码的字体和大小。

素材文件	素材\第8章\地质评价.indd
效果文件	效果\第8章\地质评价3.indd
动画演示	动画\第8章\122.swf

下面以素材提供的文档设置页码并改变其字体系列和大小为例，介绍设置页码及其格式的方法，其操作步骤如下。

01 打开素材提供的"地质评价.indd"文档，按【F12】键打开"页面"面板，双击A-主页左侧页面缩略图，在其左下方利用文字工具绘制一个矩形文本框，如图8-18所示。

02 选择【文字】/【插入特殊字符】/【标志符】/【当前页码】菜单命令，如图8-19所示。

图8-18 绘制文本框

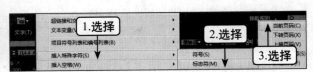

图8-19 选择插入字符

03 选择文本"A"，在上方"属性栏"中的"字体系列"下拉列表框中选择"华文琥珀"，在"字体大小"数值框中输入"30"，如图8-20所示。

04 运用"选择工具"选择"A"文本所在文本框，按住【Alt】键拖动至A-主页右侧页面右下方处，如图8-21所示。

图8-20 设置字体系列和大小

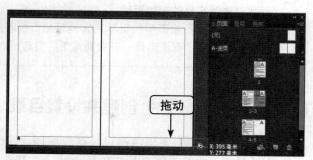

图8-21 复制并移动文本框

专家课堂

页码的自动更新

在主页上设置好页码以后，如果新建页面或者插入页面，在新建和插入的页面上也会依次自动更新页码。

Example 实例 123 重新定义起始页码

在Indesign CC中，默认情况下文档是按照阿拉伯数字连续排列的。但在某些长篇文档中，需要对开始新章节的起始页码进行重新设置。

素材文件	素材\第8章\地质评价4.indd
效果文件	效果\第8章\地质评价4.indd
动画演示	动画\第8章\123.swf

下面以素材提供的文档从第3页重新开始起始页为例，介绍重新定义起始页码的方法，其操作步骤如下。

01 打开素材提供的"地质评价4.indd"文档，按【F12】键打开"页面"面板，在其中选择第3页，然后选择【版面】/【页码和章节选项】菜单命令，如图8-22所示。

02 打开"新建章节"对话框，选择"起始页码"单选框，在"编排页码"栏的"章节前缀"文本框中输入"A"，单击 确定 按钮，如图8-23所示。

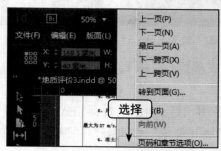

图8-22 新建章节

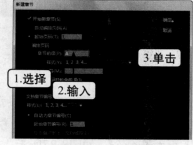

图8-23 设置起始页和章节前缀

专家课堂

取消重新定义的起始页码

双击"页面"版面中的重新定义的起始页缩略图上方的三角形标记■■，打开"页码和章节选项"对话框，取消选择"开始新章节"复选框，便可以取消重新定义的起始页码。

Example 实例 **124 创建并设置目录**

在Indesign CC中要想创建目录首先应创建段落样式，目录可以列出书籍、杂志等出版物的提干内容，有助于读者从出版物中快速查找相应信息。

素材文件	素材\第8章\地勘项目.indd
效果文件	效果\第8章\地勘项目.indd
动画演示	动画\第8章\124.swf

下面以创建素材提供的文档的目录为例，介绍创建并设置目录的方法，其操作步骤如下。

01 打开素材提供的"地勘项目.indd"文档，按【F11】键打开"段落样式"面板，单击右上方"展开菜单"按钮■，在弹出的下拉菜单中选择"新建段落样式"命令，如图8-24所示。

02 打开"段落样式选项"对话框，在左侧列表框中选择"缩进和间距"选项，在"样式名称"文本框中输入"目录样式"，在"对齐方式"下拉列表框中选择"居中"选项，在"段前距"数值框中输入"10"，在"段后距"数值框中输入"5"，确认设置，如图8-25所示。

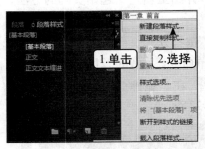

图8-24 新建段落样式

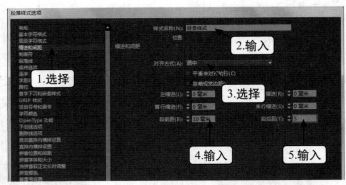

图8-25 设置名称、对齐方式等

03 将插入光标定位在"第一章"段落中，单击"段落样式"面板中的"目录样式"选项，如图8-26所示。

04 按照相同操作方法，依次将后面5章的标题段落应用"目录样式"段落格式。

05 按【F12】键打开"页面"面板，单击右上方"展开菜单"按钮■，在弹出的下拉菜单中选择"插入页面"命令，如图8-27所示。

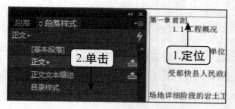
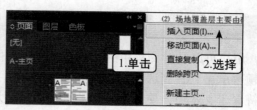

图8-26 应用段落样式　　　　　　　图8-27 插入页面

06 打开"插入页面"对话框，在"插入"下拉列表框中选择"页面前"选项，在右侧数值框中输入"1"，单击 确定 按钮，如图8-28所示。

07 选择【版面】/【目录】菜单命令，如图8-29所示。

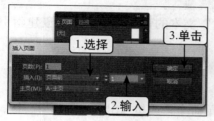
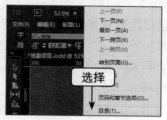

图8-28 设置插入位置　　　　　　　图8-29 选择"目录"

08 打开"目录"对话框，在"其他样式"列表框中选择"目录样式"选项，单击该列表框左侧的 << 添加(A) 按钮，确认设置，如图8-30所示。

09 在第1页左上方单击，如图8-31所示。

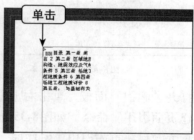

图8-30 选择"目录样式"　　　　　　图8-31 插入目录

10 在第9页中按【←】键删除"第5章"文本后面的冒号。

11 选择目录文本框，选择【版面】/【更新目录】菜单命令，弹出对话框，确认设置，如图8-32所示。

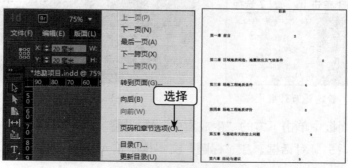

图8-32 更新目录

Example 实例 **125** 创建索引

用户可以针对文档中的信息，创建简单的关键字索引，当创建好索引之后，选择索引标题再单击"转到选定标志符"便可跳转到关联的内容。在创建索引时，首先要将索引标志符置于文本中，使每个索引的标志符与显示在索引中的字关联。生成索引时，就会将每个关联的内容引用并显示出来。

素材文件	素材\第8章\地勘项目2.indd
效果文件	效果\第8章\地勘项目2.indd
动画演示	动画\第8章\125.swf

下面以创建素材提供的文档中"委托单位"文本的索引为例，介绍创建索引的方法，其操作步骤如下。

01 打开素材提供的"地勘项目2.indd"文档，选择第2页中的"委托单位"文本，如图8-33所示。

02 选择【窗口】/【文字和表】/【索引】菜单命令，或按【Shift+F8】组合键，如图8-34所示。

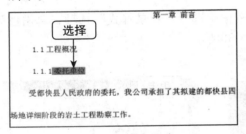

图8-33 选择文本

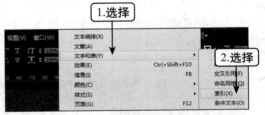

图8-34 选择"索引"

03 打开"索引"面板，单击右上方"展开菜单"按钮，在弹出的下拉菜单中选择"新建页面引用"命令，如图8-35所示。

04 打开"新建页面引用"对话框，在"排列依据"下方第一个文本框中输入"1"，单击 全部添加(L) 按钮，然后单击 完成 按钮，如图8-36所示。

图8-35 新建页面引用

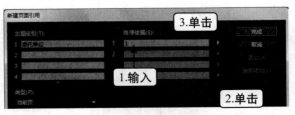

图8-36 设置排序依据和添加

05 在"索引"面板中单击下方的"生成索引"按钮，如图8-37所示。

06 打开"生成索引"对话框，在"标题"文本框中输入"索引1"，确认设置，如图8-38所示。

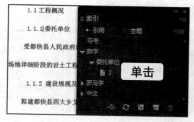
图8-37 生成索引

图8-38 设置标题

07 在最后一页左上方单击，置入"索引1"，如图8-39所示。

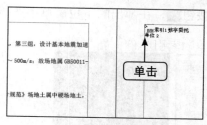

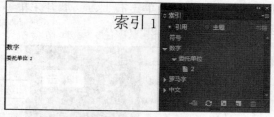

图8-39 置入索引

专家课堂 ▏▏

直接跳转到选定标志符的方法

　　在"索引"面板中选择所需跳转到的标志符，然后单击面板下方的"转到选定标志符"按钮 ，便可完成操作，如图8-40所示。

图8-40 转到选定标志符

Example 实例 126 添加书签

　　书签是一种包含代表性文本的链接，在Indesign CC文档中双击"书签"面板中的书签会跳转到该书签所在的位置。如果文档中有生成的目录，Indesign CC会根据目录生成书签，并将其自动添加到"书签"面板中。

素材文件	素材\第8章\地勘项目.indd
效果文件	效果\第8章\地勘项目3.indd
动画演示	动画\第8章\126.swf

　　下面以将素材提供的文档中的第三章标题添加为书签为例，介绍添加书签的方法，其操作步骤如下。

01 打开素材提供的"地勘项目.indd"文档，选择第5页中的"第三章　场地工程地质条件"文本，如图8-41所示。

02 选择【窗口】/【交互】/【书签】菜单命令，如图8-42所示。

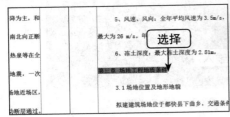

图8-41　选择文本

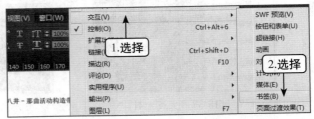

图8-42　选择"书签"

03 打开"书签"面板，单击右上方"展开菜单"按钮，在弹出的下拉菜单中选择"新建书签"命令，如图8-43所示。

图8-43　新建书签

Example 实例 127 创建并使用超链接

超链接是指查看者单击某个超链接时即可跳转到同一文档的其他位置、其他的文档或网站。创建的一个超链接叫作"源"，一个源只能跳转到达一个目标，但可以有多个源跳转到达同一个目标。

素材文件	素材\第8章\易拉宝.indd
效果文件	效果\第8章\易拉宝.indd
动画演示	动画\第8章\127.swf

下面以创建素材提供的文档中的易拉宝网页的超链接为例，介绍创建并使用超链接的方法，其操作步骤如下。

01 打开素材提供的"易拉宝.indd"文档，选择标题"易拉宝"文本，如图8-44所示。

02 选择【窗口】/【交互】/【超链接】菜单命令，如图8-45所示。

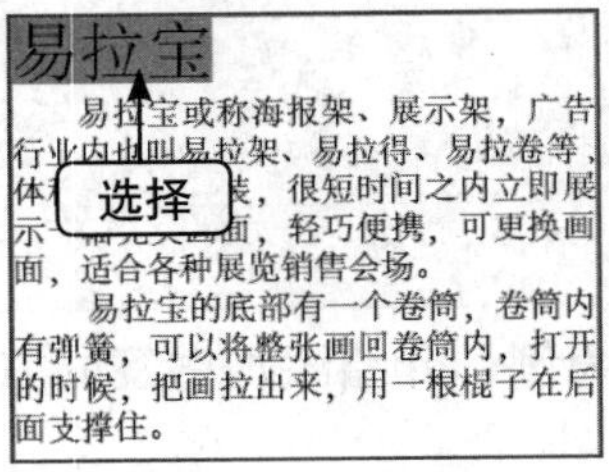

图8-44　选择文本

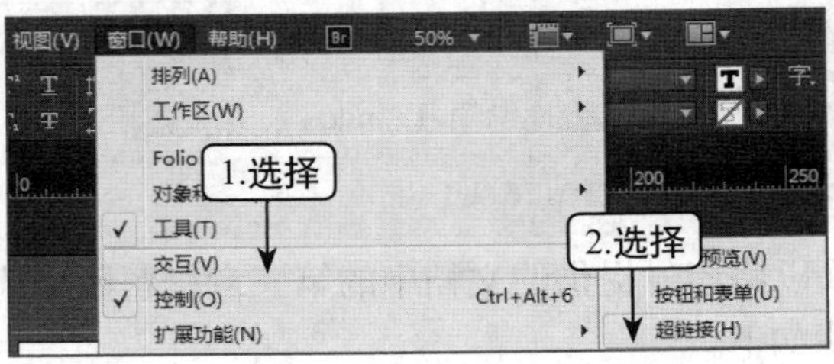

图8-45　选择"超链接"

03 打开"超链接"面板，单击右上方"展开菜单"按钮，在弹出的下拉菜单中选择

"新建超链接"命令，如图8-46所示。

04 打开"新建超链接"对话框，在"链接到"下拉列表框中选择"URL"选项，在"目标"栏的"URL"文本框中输入"http://baidu.com"，确认设置，如图8-47所示。

图8-46 选择新建超链接

图8-47 设置连接目标

05 在"超链接"面板中选择"易拉宝"选项，单击下方"转到所选超链接或交叉引用的目标"按钮 ，如图8-48所示，即可打开网页指字网页。

图8-48 创建超链接

专家课堂

超链接的编辑

双击"超链接"面板中的超链接选项，即可在打开的"编辑超链接"对话框进行编辑。

专家课堂

超链接的删除

在"超链接"面板中拖动需要删除的超链接选项至面板下方"删除选定的超链接或交叉引用"按钮 ，释放鼠标，确认设置，即可删除超链接。

Example 实例 128 查找与更改的使用

用户在工作中经常会遇到很多需要查找与更改文字的编辑工作，Indesign CC提供的"查找/更改"命令功能非常强大，合理运用每一个选项，可以减少烦琐的机械操作，同时也能节约修改文本的时间。

素材文件	素材\第8章\工程协议书.indd
效果文件	效果\第8章\工程协议书.indd
动画演示	动画\第8章\128.swf

下面以只更改素材提供的文档中第一段的"建设"文本为"建筑"为例，介绍查找与更改的使用方法，其操作步骤如下。

01 打开素材提供的"工程协议书.indd"文档，选择【编辑】/【查找/更改】菜单命令，或按【Ctrl+F】组合键，如图8-49所示。

02 打开"查找/更改"对话框，单击"查找格式"列表框右侧的"指定要查找的属性"按

钮 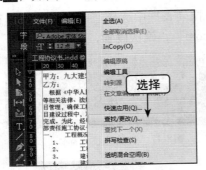，如图8-50所示。

图8-49　选择查找/更改　　　　　　　　　图8-50　指定要查找的属性

03 打开"查找格式设置"对话框，在"段落样式"下拉列表框中选择"基本段落"选项，确认设置，如图8-51所示。

04 返回"查找/更改"对话框，在"查找内容"文本框中输入"建设"，在"更改为"文本框中输入"建筑"，单击 全部更改(A) 按钮，最后单击 完成(D) 按钮，如图8-51所示。

图8-51　选择"段落样式"　　　　　　　　图8-52　更改内容

05 至此便完成所有设置，最终效果如图8-53所示。

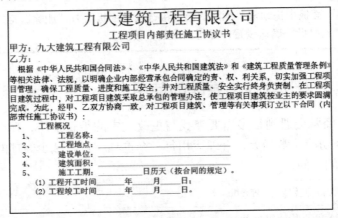

图8-53　最终效果

综合项目　完善"实验总结"文档

本章通过多个范例对Indesign CC长文档编排进行了详细讲解，下面将进一步利用综合范例熟悉并巩固这些操作的使用。本范例将重点涉及将主页应用于页面、设置页码及其格式、创建并设置目录、添加书签操作，具体流程如图8-54所示。

图8-54 操作流程示意图

素材文件	素材\第8章\实验总结.indd
效果文件	效果\第8章\实验总结.indd
动画演示	动画\第8章\8-1.swf、8-2.swf

1. 设置主页

下面首先启动Indesign CC，通过对主页的设置来实现文档整体的效果，其操作步骤如下。

01 双击桌面上的Indesign快捷启动图标，启动Indesign CC，打开素材提供的"实验总结.indd"文档。

02 按【F12】键打开"页面"面板，双击A-主页左侧页面缩略图，如图8-55所示。

03 利用"矩形工具"在版面左侧的页面中绘制一个和版面相同大小的矩形，如图8-56所示。

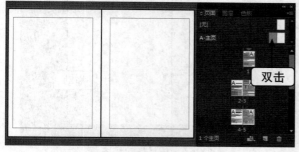

图8-55 跳转到主页

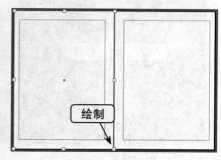

图8-56 绘制矩形

04 单击"属性栏"中的"填色"按钮，在弹出的下拉列表中选择"C=75 M=5 Y=100 K=0"选项，在"色调"数值框中输入"24"，按【Enter】键，如图8-57所示。

05 按住【Alt】键不放，拖动左侧页面矩形到右侧页面，覆盖右侧所有页面，如图8-58所示。

图8-57 设置颜色及色调

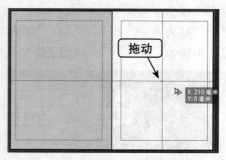

图8-58 复制移动矩形

06 利用"文字工具"在版面左侧页面左下方绘制一个矩形，如图8-59所示。

07 选择【文字】/【插入特殊字符】/【标志符】/【当前页码】菜单命令，如图8-60所示。

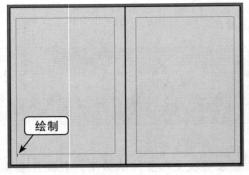

图8-59 绘制文本框

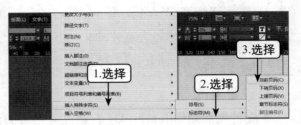

图8-60 插入页码

08 选择"A"文本，在"属性栏"中的"字体系列"下拉列表框中选择"华文隶书"选项，在"字体大小"数值框中输入"30"，按【Enter】键，如图8-61所示。

09 利用"选择工具"选择"A"文本所在的文本框，按住【Alt】键不放，拖动该文本框至右侧页面右下方，如图8-62所示。

图8-61 设置字体和字号

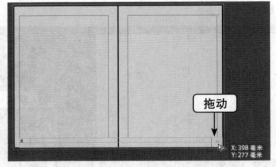

图8-62 复制移动文本框

2. 编辑文档

下面将通过插入页面、创建并设置目录、添加书签等操作将该文档进行完善，其操作步骤如下。

01 在"页面"面板中单击右上方"展开菜单"按钮 ，在弹出的下拉菜单中选择"插入页面"命令，如图8-63所示。

02 打开"插入页面"对话框，在"插入"下拉列表框中选择"页面前"选项，在右侧数值框中输入"1"，单击 确定 按钮，如图8-64所示。

图8-63 选择"插入页面"

图8-64 设置插入位置

03 选择【版面】/【目录】菜单命令，如图8-65所示。

04 打开"目录"对话框，在"其他样式"列表框中选择"标题1"选项，单击该列表框左侧的 << 添加(A) 按钮，如图8-66所示。

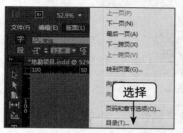

图8-65 选择"目录"

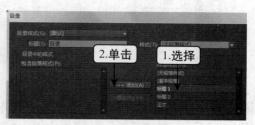

图8-66 添加样式

05 在下方"样式：标题1"栏的"条目样式"下拉列表框中选择"基本段落"选项，如图8-67所示。

06 然后在"其他样式"列表框中选择"标题2"选项，单击该列表框左侧的 << 添加(A) 按钮，如图8-68所示。

图8-67 设置条目样式

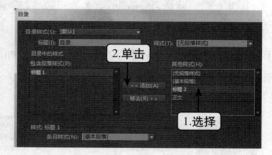

图8-68 添加样式

07 在下方"样式：标题2"栏的"条目样式"下拉列表框中选择"基本段落"选项，确认设置，如图8-69所示。

08 在第一页左上方处单击鼠标，如图8-70所示。

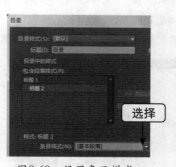

图8-69 设置条目样式

图8-70 置入目录

09 选择"目录"文本，在"属性栏"中的"字体大小"数值框中输入"36"，按【Enter】键，如图8-71所示。

10 再在"属性栏"中单击"居中对齐"按钮，如图8-72所示。

图8-71　设置字体大小

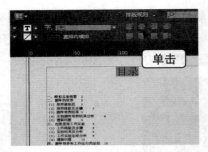

图8-72　设置对齐方式

⑪ 在第1页中选择除了"目录"文本的所有文本，在"属性栏"中的"字体大小"数值框中输入"24"，在"行距"数值框中输入"35"，按【Enter】键，如图8-73所示。

⑫ 按【Ctrl+Shift+T】组合键打开"制表符"对话框，在下方标尺处单击，在"X"文本框中输入"170"，在"前导符"文本框中输入"."，按【Enter】键，如图8-74所示。

图8-73　设置字号和行距

图8-74　添加制表符

⑬ 选择【窗口】/【交互】/【书签】菜单命令，如图8-75所示。

⑭ 选择第4页的"表1　菌种培养监测数据"文本，在"书签"面板中单击下方"创建新书签"按钮 ，如图8-76所示。

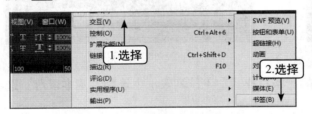

图8-75　选择"书签"

图8-76　创建新书签

⑮ 按照上述方法分别选择第4页的"表2　周期减少量"文本、第6页的"表4　运行监测数据"、第7页的"表5　运行监测数据"、第8页的"表6　运行监测数据"、第9页的"表7　运行监测数据"，分别单击"创建新书签"按钮 ，最终效果如图8-77所示。

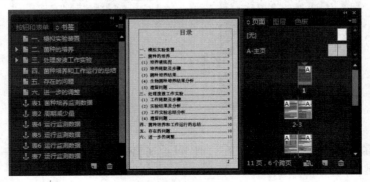

图8-77　最终效果

课后练习1 完善"工程协议书"文档

本次练习将以设置工程协议书页眉和页脚、添加附表为例，重点巩固插入页面、设置主页、将主页应用于页面、设置页码及其格式等操作，最终效果如图8-78所示。

素材文件	素材\第8章\工程协议书.indd、清单表.indd
效果文件	效果\第8章\工程协议书2.indd

练习提示：

（1）启动Indesign CC，打开素材提供的"工程协议书.indd"文档。

（2）在A-主页左侧页和右侧页设置页码，并设置页码的"字体系列"为"华文新魏"，"字体大小"为"30"。

（3）分别在A-主页左侧页的左上方页边距线以外、右侧页右上方页边距线以外输入"工程项目内部责任施工协议书"，并设置页码的"字体系列"为"华文细黑"，"字体大小"为"14"。

（4）在第3页后面插入一页空白页面，然后将素材提供的"清单表.doc"文档插入到第4页空白页面中。

（5）将第4页应用于无主页。

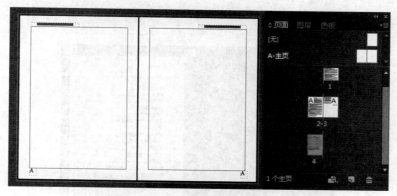

图8-78 完善"工程协议书"的效果

课后练习2 更改并设置"第一章"文档

本次练习将以更改文档中关键字、设置超链接和书签为例，重点巩固添加书签、创建超链接、查找与更改的使用等操作，最终效果如图8-79所示。

素材文件	素材\第8章\第一章.indd
效果文件	效果\第8章\第一章3.indd

练习提示：

（1）启动Indesign CC，打开素材提供的"第一章.indd"文档。

（2）将第4页的"勘察工作量统计表"文本设为书签。

（3）将第1页的"荷兰蜀相工程设计咨询有限公司"文本建立超链接，设置其"URL"

为"http://baidu.com",外观"类型"为"可见矩形"。

(4)利用"查找/更改"功能,将"段落样式"为"正文文本缩进"的文本中的所有"容心县"更改为"容新县"。

图8-79　更改并设置后的效果

课后练习3　重新设置"实验总结"文档

本次练习将以更改第2页为起始页并建立超链接为例,重点巩固重新定义起始页码、将主页应用于页面、更新目录、创建超链接等操作,最终效果如图8-80所示。

素材文件	素材\第8章\实验总结2.indd
效果文件	效果\第8章\实验总结2.indd

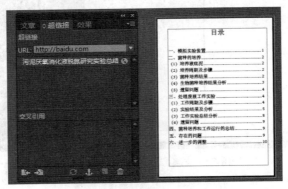

图8-80　重新设置后的效果

练习提示:

(1)启动Indesign CC,打开素材提供的"实验总结2.indd"文档。

(2)重新设置第2页为新的起始页。

(3)将目录所在的第1页应用于无主页,然后更新目录。

(4)在目录页中,将"目录"文本居中,再设置"字体大小"为"36"。

(5)在目录页中,设置除了"目录"文本的所有文本的"字体大小"为"24"、"行距"为"35"。

(6)设置制表符的"X"为"170"、"前导符"为"."。

(7)将第一页的"污泥厌氧消化液脱氮研究实验总结"文本建立超链接,设置"URL"为"http://baidu.com"。

第9章
打印输出

　　打印输出是出版作品非常重要的部分，若想打印出来的作品和设计制作时的效果一致，就必须根据不同的作品需求设置不同的打印方式。为了确保最终打印效果的正确性，可以利用Indesign提供的打印预设功能，在预览文本框中浏览结果页面的文本信息后，快速判断出是否是自己需要的内容。本章将重点介绍印前检查设置，陷印预设，导出PDF文件，打印预设及打包Indesign等内容。

Example 实例 ## 129 印前检查设置

在打印文档之前，可以对文档进行品质检查，印前检查可能会发现文档或书籍不能正确成像的问题，例如缺失的字体。

素材文件	素材\第9章\业绩.indd
效果文件	效果\第9章\业绩.indd
动画演示	动画\第9章\129.swf

下面以设置印前检查并检查素材提供的文档，然后修改错误为例，介绍印前检查设置的方法，其操作步骤如下。

01 打开素材提供的"业绩.indd"文档，然后选择【窗口】/【输出】/【印前检查】菜单命令，如图9-1所示。

02 打开"印前检查"面板，单击右上方"展开菜单"按钮 ，在弹出的下拉菜单中选择"定义配置文件"命令，如图9-2所示。

图9-1 选择印前检查

图9-2 印前检查

03 打开"印前检查配置文件"对话框，单击"新建印前检查配置文件"按钮 ，在"配置文件名称"文本框中输入"基础检查"，在下方列表框中单击"文本"选项前面的"展开子菜单"标记 ，选择"溢流文本"、"字体缺失"和"字形缺失"复选框，取消选择"无法解析的题注变量"复选框，依次单击 存储 按钮和 确定 按钮，如图9-3所示。

04 返回"印前检查"面板，在左上方选择"开"复选框，在"配置文件"下拉列表框中选择"基础检查"选项，下方出现1个错误，双击"错误"列表框中的"文本"选项，如图9-4所示。

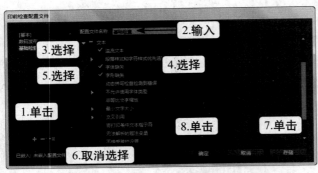

图9-3 设置印前检查

图9-4 应用印前检查

专家课堂 ||||||||||||||||||||||||||||||||||||||||||||||||||||||||||||||||||||||||||||||||||||||||

印前检查的其他设置

如印刷的出版物有图像或者链接等内容，此时可以在"印前检查配置文件"对话框中根据需要检查的项目进行勾选。

05 展开子菜单，双击"缺失字体"选项，如图9-5所示。

06 展开子菜单，双击"宋体 Bold"选项，如图9-6所示。

07 展开子菜单，双击"迈当设计院总承包业务业绩"选项，单击下方"信息"按钮▶，如图9-7所示。

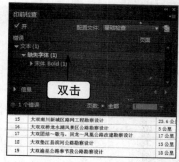

图9-5 双击错误选项

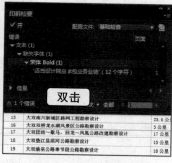

图9-6 双击错误选项

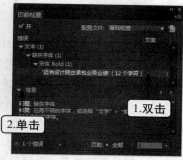

图9-7 定位错误并显示信息

08 在"属性栏"中的"字体系列"下拉列表框中选择"华文中宋"选项，如图9-8所示。

图9-8 设置字体系列

Example **实例** **130 陷印预设**

如果两个相邻的不同颜色刚好对齐，在印刷的时候就很容易在两个颜色之间出现漏出白色边缘。为了防止这种情况的发生就要对出版物进行陷印设置。陷印的原理是将浅色的边缘再扩张一小部分出来藏在深色边缘背后，而不影响原来的深色颜色。如果只是简单的把浅色部分扩大而不做陷印设置，那么两个相邻颜色之间的共同部分会出现两种颜色重叠的效果，从而产生色差。

素材文件	无
效果文件	效果\第9章\海报预设.indd
动画演示	动画\第9章\130.swf

下面以设置基本陷印参数并应用陷印设置为例，介绍陷印预设的方法，其操作步骤如下。

01 选择【窗口】/【输出】/【陷印预设】菜单命令，如图9-9所示。

02 打开"陷印预设"面板，单击右上方"展开菜单"按钮 ，在弹出的下拉菜单中选择"新建预设"命令，如图9-10所示。

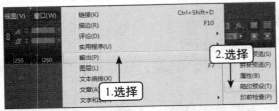

图9-9　选择陷印预设　　　　　　　　　　　图9-10　新建预设

03 打开"新建陷印预设"对话框，在"名称"文本框中输入"海报预设"，在"陷印宽度"栏的"黑色"文本框中输入"0.15"，在"陷印阈值"栏的"黑色"数值框中输入"60"，单击 确定 按钮，如图9-11所示。

> **专家课堂**
>
> **陷印预设的几个重要参数**
> 　　"陷印宽度"栏中的"默认"是指设置除了黑色以外的所有颜色的陷印宽度、"黑色"是指设置黑色边缘与下层油墨之间的距离；"图像"栏中的"陷印位置"是指在文字和图像对象之间所设置的陷印样式；"陷印阈值"栏中的"黑色"是指设置黑色陷印宽度的量。

04 返回到"陷印预设"面板，选择"海报预设"选项，单击右上方"展开菜单"按钮 ，在弹出的下拉菜单中选择"指定陷印预设"命令，如图9-12所示。

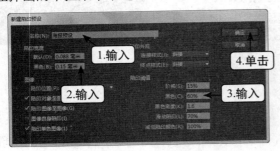

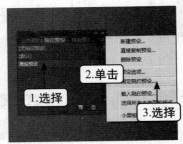

图9-11　设置名称、陷印宽度等　　　　　　图9-12　选择指定陷印预设

05 打开"指定陷印预设"对话框，在"陷印预设"下拉列表框中选择"海报预设"选项，单击 完成 按钮，如图9-13所示。

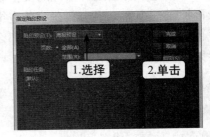

图9-13　指定陷印预设

Example 实例 131 导出PDF文件

PDF文件是出版物中发行或应用于不同平台进行共享和传播的常用文件，是一种国际通用的文件。Indesign提供的快捷方便的功能可以直接将文档导出为PDF文件。

素材文件	素材\第9章\实验总结3.indd
效果文件	效果\第9章\实验总结3.pdf
动画演示	动画\第9章\131.swf

下面以新建PDF的预设、然后把素材文档导出为PDF文件为例，介绍导出PDF文件的方法，其操作步骤如下。

01 打开素材提供的"实验总结3.indd"文档，然后选择【文件】/【Adobe PDF 预设】/【定义】菜单命令，如图9-14所示。

02 打开"Adobe PDF 预设"对话框，单击 新建(N)... 按钮，如图9-15所示。

图9-14 选择定义PDF预设

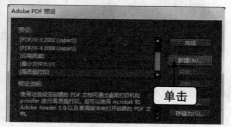

图9-15 新建PDF预设

03 打开"新建PDF导出预设"对话框，在"预设名称"文本框中输入"打印"，在"兼容性"下拉列表框中选择"Acrobat 4（PDF 1.3）"选项，在左侧列表框中选择"标记和出血"选项，在右侧"出血和辅助信息区"栏中选择"使用文档出血设置"复选框，确认设置，如图9-16所示。

04 返回"Adobe PDF 预设"对话框，单击 完成 按钮，如图9-17所示。

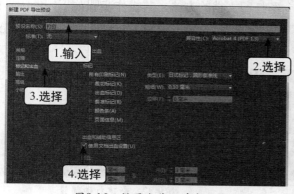

图9-16 设置名称、兼容性等

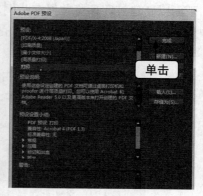

图9-17 完成设置

05 选择【文件】/【导出】菜单命令，或按【Ctrl+E】组合键，如图9-18所示。

06 打开"导出"对话框，在"路径"下拉列表框中设置文档的保存位置，单击 保存(S) 按钮，如图9-19所示。

图9-18 选择导出

图9-19 导出文档

07 打开"导出 Adobe PDF"对话框，在"Adobe PDF 预设"下拉列表框中选择"打印"选项，确认导出，如图9-20所示。

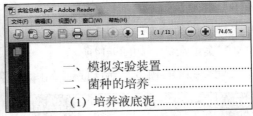

图9-20 确认导出

Example 实例 **132 打印文档**

当整个文档设计制作完成后，用户可根据需要的内容进行打印输出。Indesign为用户提供了打印预设功能，即设置完打印预设的各种参数以后进行保存，方便日后快速以同样的参数进行打印。

素材文件	素材\第9章\生产计划2.indd
效果文件	效果\第9章\生产计划2.indd、表格.prst
动画演示	动画\第9章\132.swf

下面以新建打印预览并保存为例，介绍打印文档的方法，其操作步骤如下。

01 打开素材提供的"生产计划2.indd"文档，然后选择【文件】/【打印预设】/【定义】菜单命令，如图9-21所示。

02 打开"打印预设"对话框，单击 新建(N)... 按钮，如图9-22所示。

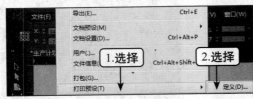

图9-21 定义打印预设

图9-22 新建打印预设

03 打开"新建打印预设"对话框，在"名称"文本框中输入"表格"，在左侧列表框中选择"设置"选项，在右侧"设置"栏中单击"横向页面方向"按钮，如图9-23所示。

04 在左侧列表框中选择"高级"选项，在右侧"透明度拼合"栏的"预设"下拉列表框中选择"高分辨率"选项，确认设置，如图9-24所示。

图9-23　设置名称和页面方向

图9-24　设置透明度拼合

05 返回"打印预设"对话框，单击 存储(A)... 按钮，如图9-25所示。

06 打开"存储打印预设"对话框，在"路径"下拉列表框中设置文档的保存位置，在"文件名"下拉列表框中输入"表格"，单击 保存(S) 按钮，如图9-26所示。

图9-25　存储打印预设

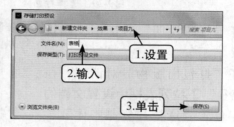

图9-26　设置路径和文件名

07 返回"打印预设"对话框，确认设置。

08 选择【文件】/【打印】菜单命令，或者按【Ctrl+P】组合键，如图9-27所示。

09 打开"打印"对话框，在"打印预设"下拉列表框中选择"表格"选项，确认打印即可，如图9-28所示。

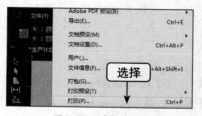

图9-27　选择打印

图9-28　选择打印预设

Example 实例 133 打包Indesign

如果需要在其他电脑中打开制作好的Indesign文档，而该台电脑中又没有文档中所使用的字体或者图像，此时就需要先将制作好的文档进行打包。

素材文件	素材\第9章\商铺海报2.indd
效果文件	效果\第9章\"商铺海报2"文件夹\商铺海报2.indd、说明.txt……
动画演示	动画\第9章\133.swf

下面以打包素材提供的文档为例，介绍打包Indesign的方法，其操作步骤如下。

01 打开素材提供的"商铺海报2.indd"文档，然后选择【文件】/【打包】菜单命令，如图9-29所示。

02 打开"打包"对话框，单击 打包(P)... 按钮，如图9-30所示。

图9-29 选择打包   图9-30 确认打包

03 打开"打印说明"对话框，确认设置。

04 打开"打包出版物"对话框，在"路径"下拉列表框中设置文档的保存位置，选择"复制字体"、"复制链接图形"和"更新包中的图形链接"复选框，单击 打包 按钮，如图9-31所示。

05 打开"警告"对话框，确认设置。

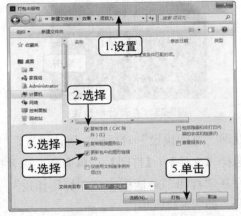

图9-31 设置保存路径等

综合项目 **抽奖活动的设计**

本章通过多个范例对Indesign CC的打印输出进行了详细讲解，下面将通过综合范例对这些操作进行巩固练习。本范例将重点涉及印前检查设置、查看并修改错误、陷印预设、打印文档等操作，具体流程如图9-32所示。

图9-32 操作流程示意图

素材文件	素材\第9章\抽奖活动2.indd
效果文件	效果\第9章\抽奖活动2.indd
动画演示	动画\第9章\9-1.swf、9-2.swf、9-3.swf

1. 印前检查

下面首先打开Indesign CC软件，然后通过对制作完成的作品进行印前检查，并修改其发生的错误，其操作步骤如下。

01 打开Indesign CC软件后，打开素材提供的"抽奖活动2.indd"文档。

02 选择【窗口】/【输出】/【印前检查】菜单命令，如图9-33所示。

03 打开"印前检查"面板，单击右上方"展开菜单"按钮，在弹出的下拉菜单中选择"定义配置文件"命令，如图9-34所示。

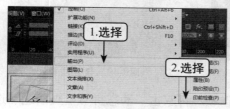

图9-33 选择印前检查　　　　　　图9-34 定义配置文件

04 打开"印前检查配置文件"对话框，单击"新建印前检查配置文件"按钮，在"配置文件名称"文本框中输入"抽奖活动"，在下方列表框中单击"图像和对象"选项前面的"展开子菜单"标记，在展开的子菜单中选择"置入的对象的非等比缩放"复选框，如图9-35所示。

05 单击"文本"选项前面的"展开子菜单"标记，往下拖动列表框右侧滑块，在展开的子菜单中选择"动态拼写检查检测到错误"复选框，确认设置，如图9-36所示。

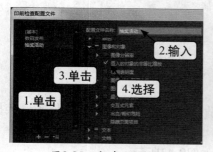
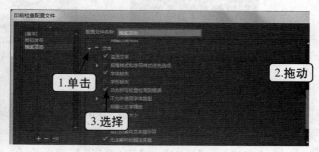

图9-35 新建配置文件　　　　　　图9-36 配置文件

06 返回"印前检查"面板，选择"开"复选框，在"配置文件"列表框中选择"抽奖活动"选项，如图9-37所示。

07 在下方列表框中双击"图像和对象"选项，再依次双击展开的子菜单，如图9-38所示。

图9-37 打开印前检查　　　　　　图9-38 查找对象

⓼ 在背景图像上双击选择背景图，如图9-39所示。

⓽ 在"属性栏"中设置"X缩放百分比"和"Y缩放百分比"都为"106%"，如图9-40
所示。

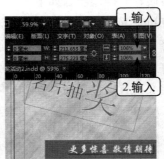

图9-39　选择对象　　　　　　　　图9-40　设置缩放比

❿ 在"印前检查"面板中，双击"文本"选项，再双击"动态拼写检查问题"选项，如
图9-41所示。

⓫ 选择【编辑】/【拼写检查】/【动态拼写检查】菜单命令，如图9-42所示。

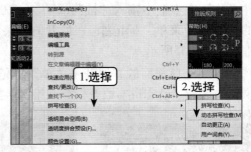

图9-41　查找对象　　　　　　　　　图9-42　打开动态拼写检查

2. 陷印设定

下面对所需要印刷的该文档做陷印设定，其中包括设定陷印宽度和陷印阈值等，其操
作步骤如下。

⓵ 选择【窗口】/【输出】/【陷印预设】菜单命令，如图9-43所示。

⓶ 打开"陷印预设"面板，单击右上方"展开菜单"按钮，在弹出的下拉菜单中选择
"新建预设"命令，如图9-44所示。

图9-43　选择陷印预设　　　　　　　图9-44　新建预设

⓷ 打开"新建陷印预设"对话框，在"陷印宽度"栏的"黑色"文本框中输入
"0.141"，在"陷印阈值"栏的"黑色"数值框中输入"70"，单击 确定 按钮，
如图9-45所示。

04 返回到"陷印预设"面板，选择"陷印预设_1"选项，单击右上方"展开菜单"按钮
, 在弹出的下拉菜单中选择"指定陷印预设"命令，如图9-46所示。

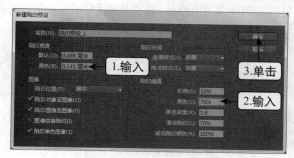

图9-45 设置陷印宽度和陷印阈值

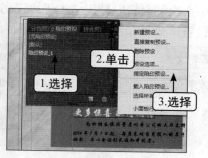

图9-46 选择指定陷印预设

05 打开"指定陷印预设"对话框，在"陷印预设"下拉列表框中选择"陷印预设_1"选
项，单击 完成 按钮，如图9-47所示。

图9-47 指定陷印预设

3. 打印文档

下面对文档进行打印预设，然后打印文档，其操作步骤如下。

01 选择【文件】/【打印预设】/【定义】菜单命令，如图9-48所示。

02 打开"打印预设"对话框，单击 新建(N)... 按钮，如图9-49所示。

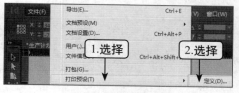

图9-48 定义打印预设

图9-49 新建打印预设

03 打开"新建打印预设"对话框，在左侧列表框中选择"常规"选项，在"份数"文本
框中输入"3"，选择"逐份打印"复选框，确认设置，如图9-50所示。

04 返回"打印预设"对话框，确认设置。

05 按【Ctrl+P】组合键打开"打印"对话框，在"打印预设"下拉列表框中选择"打印
预设_1"选项，确认打印即可，如图9-51所示。

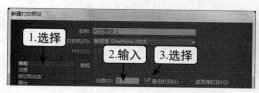

图9-50 设置打印份数

图9-51 选择打印预设

课后练习1 将"工程协议书"文档导出为PDF文件

本次练习将以导出"工程协议书"文档为PDF文件为例,重点巩固PDF预设中重要参数的设置,效果如图9-52所示。

素材文件	素材\第9章\工程协议书3.indd
效果文件	效果\第9章\工程协议书3.pdf

图9-52 导出后的效果

练习提示:

(1)启动Indesign CC,打开素材提供的"工程协议书3.indd"文档。

(2)打开"新建PDF导出预设"对话框,将"兼容性"设置为"Acrobat 4(PDF 1.3)",选择"使用文档出血设置"复选框,设置"颜色转换"为"转换为目标配置文件(保留颜色值)",设置"在OPI中忽略"为"位图图像","透明度拼合"的"预设"为"低分辨率",确认设置。

(3)打开"导出 Adobe PDF"对话框,选择"Adobe PDF 预设_1",确认导出。

课后练习2 将"开张广告2"文档进行打包

本次练习将以打包素材提供的文档为例,重点巩固打包过程中发现错误并修改、设置打包路径等操作。

素材文件	素材\第9章\开张广告2.indd
效果文件	效果\第9章\"开张广告2文件夹"\开张广告2.indd、联系方式.txt……

练习提示:

(1)启动Indesign CC,打开素材提供的"开张广告2.indd"文档。

(2)打开"打包"对话框,在"小结"中出现一个感叹号⚠,把需要连接的图像重新连接,确认打包。

(3)打开"打印说明"对话框,设置"文件名"为"联系方式",设置"联系人"为"陈先生",设置"公司"为"杰贤广告设计有限公司",设置"电话"为"00000000",确认继续。

(4)设置需要保存的路径,选择"复制字体"、"复制链接图形"和"更新包中的图形链接",然后确认打包。

中文版
Indesign CC
实例教程

第10章
制作杂志内页广告

项目目标

本项目将主要通过应用效果设置并变换图形制作数码相机的杂志内页广告，使其具有光彩夺目的视觉效果。本项目的最终效果如图10-1所示。

素材文件	素材\第10章\杂志内页广告\花.jpg、相机.jpg、功能介绍.txt
效果文件	效果\第10章\杂志内页广告\杂志内页广告.indd
动画演示	动画\第10章\10-1.swf、10-2.swf、10-3.swf

图10-1　杂志内页广告效果图

任务分析

1. 项目分析

杂志媒体广告的印刷比报纸精美许多，其色彩更加鲜艳、精致，可以逼真地展现商品卖点，激发读者的购买欲望。杂志媒体相比广播、电视等媒体生命要更长，因此，杂志广告能反复与读者接触，加深读者的印象。

一般用于杂志内页广告印刷的纸张为：787号正度纸张，除去修边以后的成品常见尺寸有8开：368×260（mm）；16开：260×184（mm）；32开：184×130（mm）；另外还有850号大度纸张，常见尺寸有8开：285×420（mm）；16开：210×285（mm）；32开：203×140（mm）。

本项目将制作的杂志内页广告为210×285（mm），即大度16开纸张。

2. 重难点分析

制作本项目时，应注意以下几方面的问题。

- 参考线的设置：对于设计版面的整体规划，参考线起到至关重要的作用，所以确定参考线的准确位置显得极其重要。创建好参考线后，如果该参考线未在目标位置上，可通过上方属性栏中的X、Y、W、H文本框中输入准确位置来调整。
- 背景的渐变色：本项目要求的背景色是从白到黑的一个渐变过程，但在版面中又不能出现黑色，实际的渐变效果应由白色逐渐变为灰色，并且是径向的，所以在拖动设置渐变效果时，应从版心往任意方向拖动，并且释放位置需离开版面一定距离，这样才不会在版面出现黑色。
- 图像背景的处理：由于本项目提供的"相机"图像是有背景的，并且背景颜色和版面的背景颜色也不一致，所以插入图像后需要运用定向羽化进行设置，以此达到去掉图像背景颜色的效果。如果不做定向羽化处理，将会影响整个杂志内页广告的美观性。

制作思路

杂志内页广告的制作思路如下所示。

（1）制作背景。本项目制作的杂志内页广告所需要的纸张为大度16开纸张，所以按照要求创建一个210×285（mm）的版面，出血设置为3毫米，为方便裁剪。然后把整个版面做渐变处理，作为该广告的背景，如图10-2所示即为创建的背景效果。

（2）设置内页广告的文本。创建好背景后，就可以在版面中设置需要体现的文本内容了，该部分将设置广告的标题和副标题的字体和位置、数码相机的功能及其型号的字体和位置，设置完成后的效果如图10-3所示。

图10-2　内页广告背景

图10-3　内页广告的文本

（3）置入图像。本项目涉及2个图像素材，置入一个设置完成其效果和位置后，再置入另一个图像设置其大小和位置，最后合并2张图像，再进行翻转设置其效果，达到一个投影效果，如图10-4所示。

图10-4　设置图像效果

> **操作步骤**

下面具体介绍杂志内页广告的制作方法和操作步骤。

1. 制作背景

01 启动Indesign CC，按【Ctrl+N】组合键打开"新建文档"对话框，设置其"宽度"和"高度"分别为"210毫米"和"285毫米"，使用默认为"3毫米"的出血设置，单击 边距和分栏... 按钮，如图10-5所示。

02 打开"新建边距和分栏"对话框，单击"将所有设置设为相同"按钮 ，使其变为 状态，将"边距"栏的"上"、"下"设置为"40毫米"，"内"、"外"设置为"10毫米"，单击 确定 按钮，如图10-6所示。

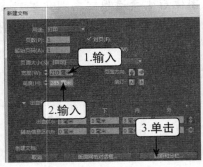

图10-5 设置页面

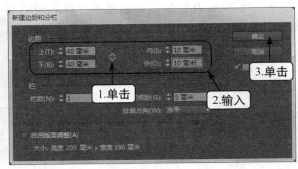

图10-6 设置边距

03 按【T】键运用"文字工具"创建一个和版面大小一样的矩形文本框，按【Esc】键退出输入文本状态，选择此文本框。

04 按【G】键打开"渐变"面板，在文本框中单击使其应用到文本框。

05 在该面板中的"类型"下拉列表框中选择"径向"，然后在版面中心位置向左侧拖动鼠标到版面以外，如图10-7所示。

06 按【Ctrl+L】组合键将该背景文本框锁定。

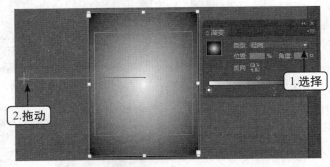

图10-7 创建径向渐变

2. 设置内页广告的文本

01 在垂直标尺处向右拖动鼠标，创建一条垂直参考线，如图10-8所示。

02 选择该参考线，在"属性栏"中设置"X"为"100毫米"，如图10-9所示。

03 再创建第二条垂直参考线，设置其"X"为"110毫米"，如图10-10所示。

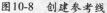

图10-8 创建参考线

图10-9 设置位移

图10-10 设置位移

04 利用"文字工具"创建一个文本框，在创建好的文本框中输入"记录，美好时光"文本，如图10-11所示。

05 按【Ctrl+A】组合键全选择文本，在上方"属性栏"中设置"字体系列"为"微软雅黑"，"字体大小"为"58点"，如图10-12所示。

图10-11 输入文本

图10-12 设置字体和字号

06 再在"属性栏"中双击"填色"按钮，如图10-13所示。

07 打开"拾色器"对话框，设置其"C"、"M"、"Y"、"K"分别为"13"、"54"、"68"、"0"，单击 确定 按钮，如图10-14所示。

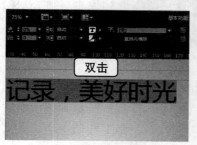

图10-13 选择填色

图10-14 设置颜色

08 返回文本框中，在"属性栏"中设置该文本框的"X"为"33毫米"、"Y"为"40毫米"、"W"为"144毫米"、"H"为"21毫米"，如图10-15所示。

09 选择该文本框，按【Ctrl+C】组合键，再按【Ctrl+V】组合键进行粘贴。

10 选择粘贴的文本框，双击该文本框进入文本编辑状态，删除其中的所有文本，然后输入"灰色经典，你永远的女神"文本，如图10-16所示。

图10-15 设置文本框位置和大小

图10-16 输入文本

⓫ 全选择文本，在"属性栏"中设置"字体大小"为"26毫米"，如图10-17所示。

⓬ 再在"属性栏"中单击"填色"按钮，在弹出的下拉列表中选择"黑色"选项，如图10-18所示。

图10-17 设置字体大小

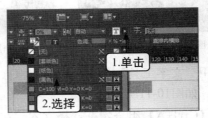

图10-18 选择填充颜色

⓭ 按【Esc】键退出编辑状态，将文本框的"X"、"Y"、"W"、"H"分别设置为"100毫米"、"90毫米"、"101毫米"、"10毫米"，如图10-19所示。

⓮ 按【F11】键打开"段落样式"面板，单击右上方的"展开菜单"按钮，在弹出的下拉菜单中选择"新建段落样式"命令，如图10-20所示。

图10-19 设置文本框位置和大小

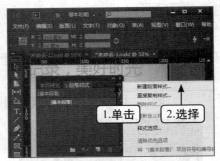

图10-20 新建段落样式

⓯ 打开"新建段落样式"对话框，在左侧列表框中选择"基本字符格式"选项，在"样式名称"文本框中输入"数码相机功能"，在"字体系列"下拉列表框中选择"微软雅黑"选项，在"大小"数值框中输入"14"，在"行距"数值框中输入"30"，如图10-21所示。

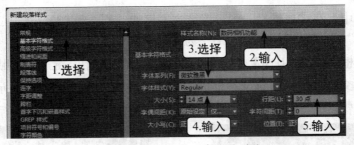

图10-21 设置名称、字体系列等

⓰ 继续在左侧列表框中选择"项目符号和编号"选项，在右侧的"列表类型"下拉列表框中选择"项目符号"选项，单击 添加(A)... 按钮，如图10-22所示。

⓱ 在"添加项目符号"对话框的列表框中选择"菱形"标记，确认设置，如图10-23所示。

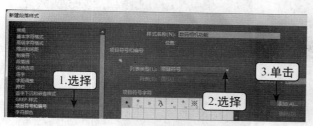
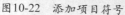

图10-22　添加项目符号

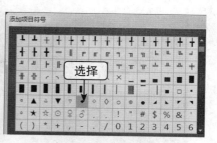

图10-23　选择标记

⑱ 返回"新建段落样式"对话框，在"项目符号字符"栏选择刚添加的标记，确认设置，如图10-24所示。

⑲ 按【Ctrl+D】组合键打开"置入"对话框，在"路径"下拉列表框中选择素材文件所在的文件夹，在下方的列表框中选择"功能介绍"文件选项，取消选择"替换所选项目"和"应用网格格式"复选框，如图10-25所示。

图10-24　确认设置项目符号

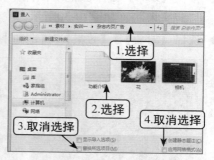

图10-25　选择需置入的文档

⑳ 在版面中拖动鼠标以置入文档，全选择文本，在"段落样式"面板中选择"数码相机功能"选项，如图10-26所示。

㉑ 选择该文本所在文本框，设置其"X"、"Y"、"W"、"H"分别为"110毫米"、"165毫米"、"77毫米"、"80毫米"，如图10-27所示。

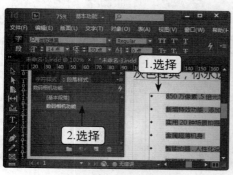

图10-26　应用段落样式

图10-27　设置文本框位置和大小

㉒ 在版面中绘制一个文本框，并输入"NAKA-1150"文本，设置该段文本的"字体系列"为"微软雅黑"，"字体大小"为"18点"，如图10-28所示。

㉓ 选择该文本所在文本框，设置其"X"、"Y"、"W"、"H"分别为"10毫米"、"245毫米"、"36毫米"、"7毫米"，如图10-29所示。

图10-28　设置字体和字号

图10-29　设置文本框位置和大小

3. 置入图像

01 在文档中置入素材提供的"相机.jpg"图像，将鼠标移动到该图像所在文本框右下方，按住【Ctrl】键不放拖动鼠标，将文本框的"W"、"H"值分别缩小为"90毫米"和"57毫米"，如图10-30所示。

02 选择【对象】/【效果】/【定向羽化】菜单命令，如图10-31所示。

图10-30　缩小对象

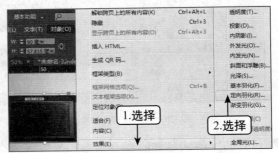

图10-31　设置定向羽化

03 打开"效果"对话框，在"羽化宽度"栏将"上"、"下"、"左"、"右"分别设置为"3毫米"、"2毫米"、"1毫米"、"3.5毫米"，然后在"选项"栏中设置"收缩"为"100%"，确认设置，如图10-32所示。

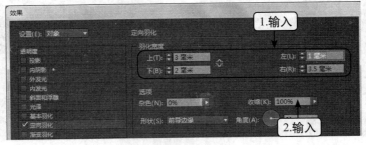

图10-32　设置羽化宽度和收缩

04 置入素材提供的"花.jpg"图像，按住【Ctrl】键不放拖动鼠标，缩小该文本框的"W"、"H"分别为"66.877毫米"和"38.25毫米"，然后将其放置于相机屏幕上，如图10-33所示。

05 框选择相机图像和花图像2个文本框，按【Ctrl+G】组合键将其编组。

06 按【Ctrl+C】组合键复制该编组对象，再选择【编辑】/【原位粘贴】菜单命令，如图10-34所示。

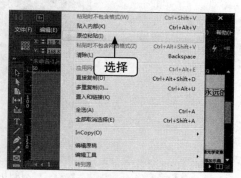

图10-33 缩小后移动对象

图10-34 原位粘贴对象

07 在"属性栏"中选择"参考点"标记的正下方标记，然后单击"垂直翻转"按钮，如图10-35所示。

08 选择【对象】/【效果】/【渐变羽化】菜单命令，打开"效果"对话框，在"选项"栏中设置"角度"为"92°"，选择"渐变色标"栏中的"黑色"色标，设置其位置为"33.5%"，如图10-36所示。

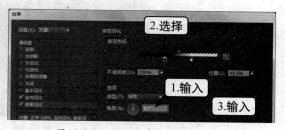

图10-35 垂直翻转对象

图10-36 设置角度和色标位置

09 继续在"渐变色标"栏中选择"白色"色标，设置其位置为"67%"，确认设置，如图10-37所示。

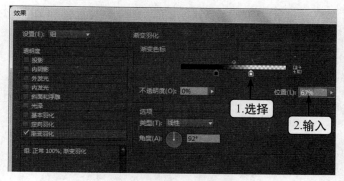

图10-37 设置色标位置图

10 向上拖动倒立图像所在的文本框使其上边缘与上面图像下边缘刚好吻合，如图10-38所示。

图10-38　移动图像

⑪ 选择两个相机图像，按【Ctrl+G】组合键将其编组，设置其"X"、"Y"分别为"55毫米"和"222毫米"如图10-39所示。

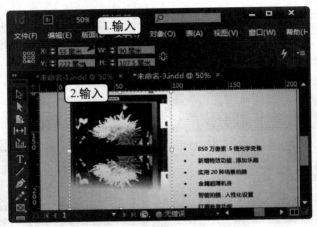

图10-39　移动文本框

第11章
制作游乐园宣传海报

项目目标

　　本项目将主要应用丰富的字体样式和色彩制作游乐园宣传海报，达到吸引更多的游客来体验新增水上娱乐项目的目的。本项目的最终效果如图11-1所示。

素材文件	素材\第11章\游乐园宣传海报\水上项目.jpg、刺激.txt、浪漫.txt、清凉.txt
效果文件	效果\第11章\游乐园宣传海报\游乐园宣传海报.indd
动画演示	动画\第11章\11-1.swf、11-2.swf

图11-1　游乐园宣传海报效果图

任务分析

1. 项目分析

　　海报通常是以单张纸形式进行信息宣传的可张贴广告印刷品，其优点是传播信息及时、成本费用低、制作便捷。海报大致可分为：商业海报、文化海报、电影海报以及公益海报等。由于海报张贴于公共场所，难免会受到周围环境的干扰，所以通常以大画面及突出的图像和色彩来展现，才能使来去匆忙的现代人留下视觉印象。

　　常见海报的尺寸有420×570（mm）的大度四开和570×840（mm）的大度对开，商用海报尺寸，常见的是500×700（mm）。

　　本项目将以商用的常见尺寸，即500×700（mm）来设计制作游乐园宣传海报。

2. 重难点分析

　　制作本项目时，应注意以下几方面的问题。

- 各文本框的对齐：本项目是制作比较规范的宣传海报，所以对于版面的控制极为重要，尤其是段间距和对齐方式。不在同一文本框中的段落需要对齐或者控制间距时，可通过文本框之间的对齐和间距来实现。如果通过属性栏设置文本框的位置比较麻烦，则可以通过拖动文本框的形式来实现，因为Indesign提供的临时参考线，可以标记左对齐、右对齐、间距对齐版面中心位置等信息。

- 文本框大小的改变：Indesgin中文本的对齐都是基于文本框来实现的，所以让文本在文本框中满格显示就相当重要，双击文本框四角上的小方块便可实现满格显示。另外，需要注意的是，有时双击小方块时会出现横排文本变成满格竖排文本，此时需要在双击小方块之前先拖动小方块使文本框适当放大后再双击。

- 吸管工具的使用：在本项目中会使用吸管工具的部分属性的，所以在使用吸管工具前一定要先双击吸管工具，设置好需要吸取的属性后再使用才能达到预设的效果。

制作思路

游乐园宣传海报的制作思路如下所示。

（1）制作背景及图像。本项目制作的是商用的宣传海报，所以按照要求创建一个500×700（mm）的空白版面，出血设置为3毫米，然后把整个版面做渐变处理，再插入图像，设置其效果，作为背景，如图11-2所示为设置图像的效果。

（2）制作文本及效果。创建好背景后，利用文本工具添加该宣传海报想要表达的信息，其中包括置入提供的素材文本，然后对文本进行效果的设置，包括字体、字号、颜色等，同时还包括字符样式的运用、吸管工具的使用，设置好主要文本后的效果如图11-3所示。

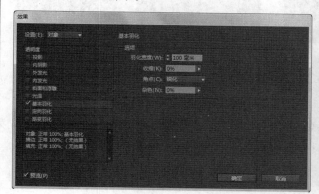

图11-2　设置图像效果

图11-3　主要文本设置后的效果

操作步骤

下面具体介绍游乐园宣传海报的制作方法和操作步骤。

1. 制作背景

01 启动Indesign CC，按【Ctrl+N】组合键打开"新建文档"对话框，设置其"宽度"和"高度"分别为"500毫米"和"700毫米"，使用默认为"3毫米"的出血设置，单击 边距和分栏 按钮，如图11-4所示。

02 打开"新建边距和分栏"对话框，设置"边距"栏的"上"为"40毫米"，单击 确定 按钮，如图11-5所示。

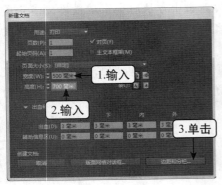
图11-4 设置页面

图11-5 设置边距

03 按【M】键运用"矩形工具"绘制一个比出血位稍大一点的矩形，如图11-6所示。

04 双击"渐变工具"，再在版面中单击，如图11-7所示。

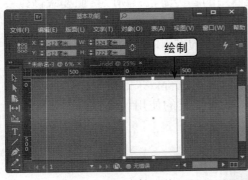
图11-6 绘制矩形

图11-7 应用渐变

05 在"渐变"面板中设置"角度"为"90°"，再单击渐变条下方的"黑色"色标，如图11-8所示。

06 按【F6】键打开"颜色"色板，单击右上方的"展开菜单"按钮，在弹出的下拉菜单中选择"CMYK"命令，如图11-9所示。

07 在该面板中设置"C"、"M"、"Y"、"K"分别为"100%"、"52%"、"0%"、"13%"，如图11-10所示。

08 在"渐变"面板中拖动渐变色条上方白色小方块到"20%"处释放鼠标，如图11-11所示。

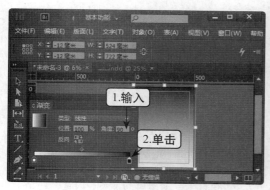

图11-8 设置渐变角度

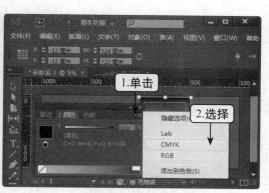

图11-9 选择颜色类型

图11-10 设置渐变颜色

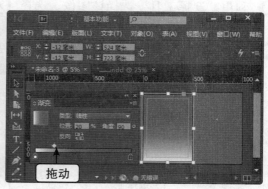

图11-11 设置渐变位置

09 按【Ctrl+L】组合键锁定渐变背景，置入素材提供的"水上项目.jpg"图像，按【Ctrl+Shift】组合键不放拖动鼠标进行等比放大图像，使其"W"和"H"分别为"517.17毫米"和"344.423毫米"，如图11-12所示。

10 在"属性栏"中将图像的"X"、"Y"分别设置为"−3毫米"和"358毫米"，如图11-13所示。

图11-12 等比放大

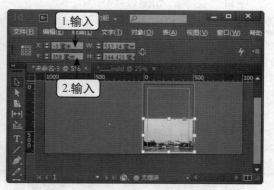

图11-13 设置图像位置

11 选择【对象】/【剪切路径】/【选项】菜单命令，如图11-14所示。

12 打开"剪切路径"对话框，在"类型"下拉列表框中选择"检测边缘"选项，设置"阈值"为"47"，单击 确定 按钮，如图11-15所示。

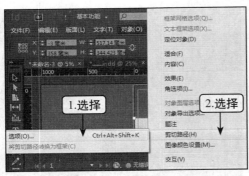

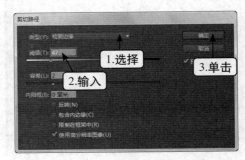

图11-14　剪切路径　　　　　　　　图11-15　设置剪切类型和阈值

⑬ 利用"选择工具"选择该图像，选择【对象】/【效果】/【基本羽化】菜单命令，如图11-16所示。

⑭ 打开"效果"对话框，在"选项"栏中设置"羽化宽度"为"100毫米"，在"角点"下拉列表框中选择"锐化"选项，确认设置，如图11-17所示。

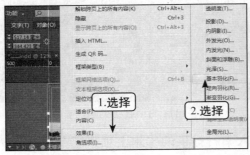

图11-16　选择基本羽化　　　　　　图11-17　设置羽化宽度和角点

2. 制作文本及效果

① 利用"文字工具"创建一个文本框，在创建好的文本框中输入"游乐园新增水上玩乐项目"文本，如图11-18所示。

② 按【Ctrl+A】组合键全选文本，在上方"属性栏"中设置"字体系列"为"方正胖娃简体"，"字体大小"为"96点"，如图11-19所示。

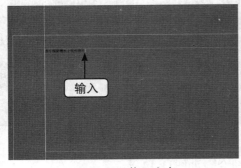

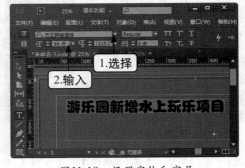

图11-18　输入文本　　　　　　　　图11-19　设置字体和字号

③ 再在"属性栏"中单击"填色"按钮▣，在弹出的下拉列表中选择"C=0 M=0 Y=100 K=0"选项，如图11-20所示。

04 按【F10】键打开"描边"面板，在其中设置"粗细"为"4点"，如图11-21所示。

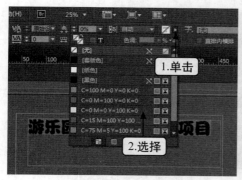

图11-20 选择填充颜色   图11-21 设置描边粗细

05 按【Ctrl+T】组合键打开"字符"面板，在其中设置"倾斜"为"5°"，如图11-22所示。

06 按【Esc】键退出文本编辑状态，将鼠标指针移动到右下角□处，当鼠标指针变为⬔状态时双击，如图11-23所示。

图11-22 设置字体倾斜度   图11-23 使文本框适合文本

07 在属性栏中将文本框的"X"、"Y"分别为"64毫米"和"40"毫米，如图11-24所示。

08 创建文本"清凉夏日等你来"，设置其"字体系列"为"方正卡通简体"，"字体大小"为"84点"，如图11-25所示。

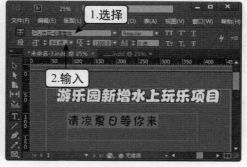

图11-24 设置文本框位置   图11-25 设置字体和字号

09 设置该文本的"填色"为"C=15 M=100 Y=100 K=0"，"描边"颜色为"纸色"，如图11-26所示。

⑩ 按【F10】键打开"描边"面板，在其中设置"粗细"为"5点"，如图11-27所示。

图11-26 设置填色和描边

图11-27 设置描边粗细

⑪ 双击工具栏中的"吸管工具"按钮 ，打开"吸管选项"对话框，单击"字符设置"前面的三角形标记展开子菜单，选择"缩放，倾斜"复选框，取消选择剩余的所有复选框，单击 确定 按钮，如图11-28所示。

⑫ 在"游乐园新增水上玩乐项目"文本上单击，如图11-29所示。

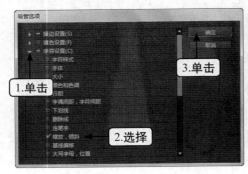

图11-28 设置吸管属性

图11-29 吸取属性

⑬ 拖动鼠标框选择需要应用属性的文本，如图11-30所示。

⑭ 选择"清凉夏日等你来"文本所在文本框，双击右下角□处，如图11-31所示。

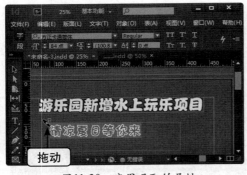

图11-30 应用吸取的属性

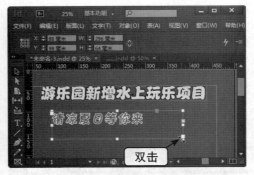

图11-31 使文本框适合文本

⑮ 设置该文本框的"X"、"Y"分别为"146.283毫米"和"94"毫米，如图11-32所示。

⑯ 按【Shift+F11】组合键打开"字符样式"面板，单击右上方的"展开菜单"按钮 ，在弹出的下拉菜单中选择"新建字符样式"命令，如图11-33所示。

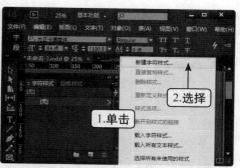

图11-32 设置文本框位置　　　　　图11-33 新建字符样式

⑰ 打开"新建字符样式"对话框，在列表框中选择"基本字符格式"选项，设置"字体系列"为"方正卡通简体"、"大小"为"60点"，如图11-34所示。

⑱ 继续在左侧列表框中选择"字符颜色"选项，并将其设置为"纸色"，如图11-35所示。

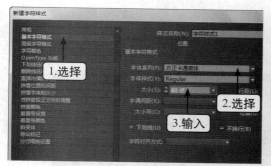

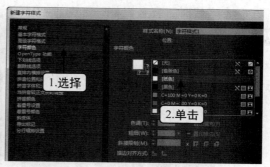

图11-34 设置字体和字号　　　　　图11-35 设置颜色

⑲ 选择左侧列表框中的"分行缩排设置"选项，选择"分行缩排"复选框，设置"行"为"2"、"分行缩排大小"为"70%"、"行距"为"10点"、"对齐方式"为"自动"，确认设置，如图11-36所示。

⑳ 置入素材提供的"刺激.txt"文档，然后选择"字符样式"面板中的"字符样式1"选项，如图11-37所示。

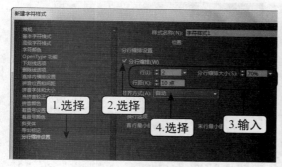

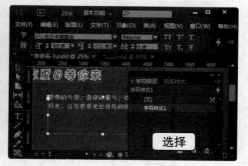

图11-36 设置分行缩排属性　　　　　图11-37 应用字符样式

㉑ 按【Esc】键后，双击文本框右下角□控制点，使其文本框适合文本内容，并设置其"X"、"Y"分别为"197毫米"和"182"毫米，如图11-38所示。

㉒ 按照上述方法置入素材提供的"清凉.txt"文档，应用"字符样式1"，再使文本框适合文本内容，设置其"X"、"Y"分别为"197毫米"和"246"毫米，如图11-39所示。

图11-38　设置文本框位置　　　　　　　　　图11-39　设置文本框位置

㉓ 再次按照上述方法置入素材提供的"浪漫.txt"文档，应用"字符样式1"，然后使文本框适合文本内容，拖动文本框，当出现三个文本框的垂直中线对齐、间距相等的临时参考线时，释放鼠标，如图11-40所示。

㉔ 在"字符样式"面板中选择"无"选项，然后创建文本"更刺激"，设置其"字体系列"为"方正少儿简体"，"字体大小"为"72点"，如图11-41所示。

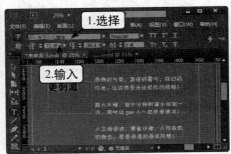

图11-40　移动文本框　　　　　　　　　图11-41　设置字体和字号

㉕ 设置所选文本的"填色"为"C=75 M=5 Y=100 K=0"，如图11-42所示。

㉖ 按【Esc】键后，选择【对象】/【效果】/【投影】菜单命令，如图11-43所示。

图11-42　设置填色　　　　　　　　　图11-43　设置投影

㉗ 打开"效果"对话框，在其中设置"不透明度"为"100%"，"距离"为"2"毫米，确认设置，如图11-44所示。

㉘ 双击该文本框右下角▢控制点，拖动该文本框使其水平中线与右侧第一个文本框中线对齐，如图11-45所示。

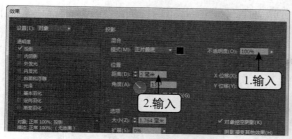

图11-44 设置不透明度和距离   图11-45 移动文本框

㉙ 然后设置该文本框的"X"为"79毫米",如图11-46所示。

㉚ 创建文本"更清凉",双击工具栏中的"吸管工具"按钮 ✎ 打开"吸管选项"对话框,全选择其属性,单击 ▇▇确定▇▇ 按钮,如图11-47所示。

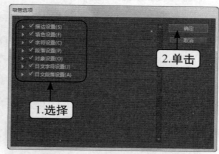

图11-46 设置文本框位置   图11-47 设置吸管工具属性

㉛ 吸取"更刺激"文本属性,应用于"更清凉"文本,如图11-48所示。

㉜ 在版面以外空白处单击,使吸管处于未吸取任何属性的状态,然后单击"更刺激"文本所在的文本框边缘,再单击"更清凉"文本所在的文本框边缘,如图11-49所示。

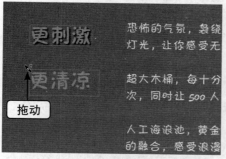

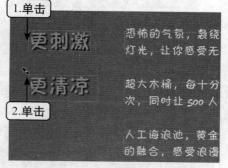

图11-48 应用文本属性   图11-49 应用对象属性

专家课堂

吸管工具不同应用方式

使用吸管工具不仅可以吸取文本属性,而且还能吸取对象属性,这两种吸取方式的不同点在于其吸管工具的指针变化。如吸取文本属性时,在吸取其属性后,吸管工具的指针右侧会出现"T"字;而吸取对象属性后,则不会出现"T"字。

33 全选择"更清凉"文本，设置其"填色"为"C=15 M=100 Y=100 K=0"，"色调"为"80%"，如图11-50所示。

34 按【Esc】键选择文本框，双击该文本框右下角□控制点，拖动文本框使其垂直方向中线于上面文本对齐，水平方向中线与右侧文本框对齐，如图11-51所示。

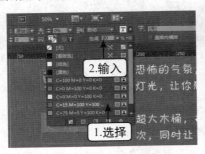

图11-50 设置颜色和色调

图11-51 移动文本框

35 创建文本"更浪漫"，按照相同操作方法将上面文本框中的文本和对象属性应用于"更浪漫"文本框中，并设置该文本"填色"为"C=0 M=100 Y=0 K=0"，如图11-52所示。

36 按【Esc】键选择文本框，双击该文本框右下角□控制点，拖动文本框使其垂直方向中线于上面文本对齐，水平方向中线与右侧文本框对齐，如图11-53所示。

图11-52 填充颜色

图11-53 移动文本框

37 创建文本"创世游乐园，来一下，你会发现更多！"，全选择文本，设置其"字体大小"为"48毫米"，如图11-54所示。

38 双击"吸管工具"按钮 打开"吸管选项"对话框，单击"描边设置"前面三角形标记展开子菜单，选择"粗细"复选框，再展开"字符设置"选项，选择"字体"和"颜色和色调"复选框，取消选择其他所有选项，单击 确定 按钮，如图11-55所示。

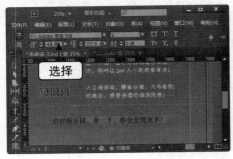

图11-54 设置字体大小

图11-55 设置吸管属性

39 吸取"游乐园新增水上玩乐项目"文本属性，并将其应用于该文本上，如图11-56所示。

40 使文本框适合于文本内容，拖动文本框使垂直中线和"清凉夏日等你来"文本所在文本框中线对齐，文本框上边缘到"更清凉"右侧文本框下边缘的距离与"清凉夏日等你来"文本框下边缘到"更清凉"右侧文本框上边缘的距离相等，如图11-57所示。

图11-56　应用属性

图11-57　移动文本框

41 绘制一个宽度与页面宽度相等的矩形文本框，输入"活动期间，可享受8折优惠，更有好礼相送！"文本，全选择文本，将其"字体大小"设置为"60点"，如图11-58所示。

42 选择"吸管工具"，在上方文本框中单击文本，如图11-59所示。

图11-58　设置字体大小

图11-59　应用文本属性

43 利用"选择工具"选择"活动期间，可享受8折优惠，更有好礼相送！"文本所在的文本框，然后选择【对象】/【角选项】菜单命令，如图11-60所示。

44 打开"角选项"对话框，设置"类型"为"圆角"，"度数"为"9毫米"，单击　确定　按钮，如图11-61所示。

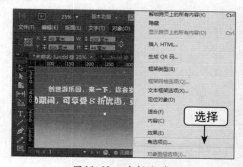

图11-60　选择角选项

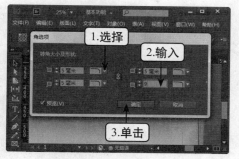

图11-61　设置类型和度数

45 设置该文本框"填色"为"C=15 M=100 Y=100 K=0"，"色调"为"70%"，如图11-62所示。

46 再设置该文本框的"Y"为"416毫米"、"H"为"26毫米",如图11-63所示。

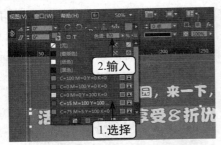

图11-62 设置颜色和色调

图11-63 设置文本框大小

47 在"属性栏"右侧单击"居中对齐"按钮■,如图11-64所示。

48 选择"创世游乐园,来一下,你会发现更多!"文本所在的文本框,复制粘贴该文本框,然后删除文本内容重新输入"活动时间:5月20日—6月20日"文本,使该文本框适合文本内容,最后再拖动文本框到垂直中线对齐版面,同时使连续三个文本框的间距相等,如图11-65所示。

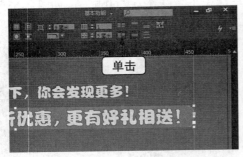

图11-64 设置对齐方式

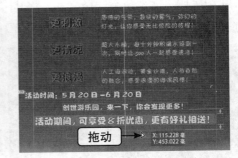

图11-65 移动文本框

第12章
制作培训学校DM
广告单

📟 项目目标

本项目将通过字体、填色、描边的应用以及表格的创建和设置等操作来制作培训学校DM广告单的正反两面，从而实现为培训学校吸引更多生源的目的。本项目的最终效果如图12-1所示。

素材文件	素材\第12章\培训学校DM广告单\数码相机.jpg、玩具.jpg、香包.jpg……
效果文件	效果\第12章\培训学校DM广告单\培训学校DM广告单正面.indd……
动画演示	动画\第12章\12-1.swf、12-2.swf、12-3.swf、12-4.swf

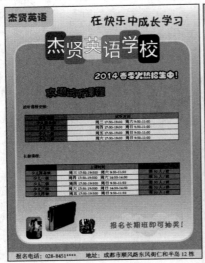

图12-1　培训学校DM广告单效果图

📟 任务分析

1. 项目分析

DM是英文direct mail advertising的缩略写法，它是通过邮寄、赠送等形式，将宣传品的广告单送到消费者手中、家里或公司所在地。DM于传统的广告，如报纸、电视、互联网等没有本质上的区别，只是DM具有其他传统媒体无法比拟的优越感，使消费者能更自主地关注产品。此外，DM单还可以有针对性地选择目标对象，有的放矢，减少浪费。

常用DM广告单的尺寸有210×285（mm）、420×285（mm）等，每个DM单应设置"2mm"的出血用于剪裁。

本项目将以尺寸为210×285（mm）的版面来设计制作培训学校DM广告单的正反2页。

2. 重难点分析

制作本项目时，应注意以下几方面的问题。

- 不规则旋转的文本：本项目将会遇到对字符进行不规则旋转的设计，可以通过铅笔或者钢笔工具画出一条曲线，然后创建路径文字，使文字沿着创建好的曲线排列。当创建的曲线角度较小或较大的时，可通过直接选择工具拖动改变节点的位置，以此来改变曲线的角度。

- 段落的应用：在同一个文本框中，需要对多个段落同时做相同改变时，需要全选每个段落，不能只选择一个段落或者整个文本框架。在Indesign中对段落的定义为：每一段落的结束都有一个分行符¶，如果没出现分行符则表示该段落未完。另外，还可以按【Ctrl+Alt+I】组合键显示隐藏的字符来查看该符号。

- 背景对象的锁定：本项目制作的内容较多，并且个别内容是在背景中的某个对象边缘上制作的，若不及时将设置好的背景锁定，很容易改变此对象属性，从而发生误操作。

制作思路

培训学校DM广告单的制作思路如下所示：

（1）制作DM广告单正面背景。首先创建一个210×285（mm）的空白版面，因为本项目是制作DM广告单，所以需要设置出血为2毫米。然后制作2种版面的渐变色、公司Logo、办学宗旨、公司名字及报名电话和地址作为背景，并且将其全部锁定，避免制作其他内容时改变背景的设置，最后保存，为后面制作DM广告单正面提供背景素材，制作好的背景如图12-2所示。

（2）制作宣传文本及图像。创建好背景后，开始制作该DM广告单的内容，其中包括字体、字号、颜色、描边等常见的设置，图形的拼凑，另外还需要置入几个图像作为抽奖礼品，以此来吸引更多的学生报名，制作好图形后的效果如图12-3所示。

图12-2　背景素材的效果

图12-3　图形完成后的效果

（3）制作课程表格。在制作表格之前先设置几种颜色添加到色板，以便将其应用于表格中的单元格。本项目制作的广告单包括：让学生体验的试听课程表和报名后参加的正式课程表2个表格，2个表格的表现效果是有所区别的，设置好的表格效果如图12-4所示。

（4）制作DM广告单背面。该广告单正反面将应用同样的风格，所以背面的背景将延用正面背景，置入背景后，再置入学校简介，编辑该简介文本内容即可完成正面的制作，编辑好文本后的效果如图12-5所示。

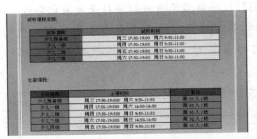

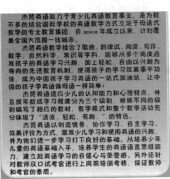

图12-4 表格制作后的效果　　　　　　图12-5 编辑后的文本效果

操作步骤

下面具体介绍培训学校DM广告单的制作方法和操作步骤。

1. 制作DM广告单正面背景

01 启动Indesign CC，按【Ctrl+N】组合键打开"新建文档"对话框，设置其"宽度"和"高度"分别为"210毫米"和"285毫米"，设置出血的上、下、内、外均为"3毫米"，单击 边距和分栏 按钮，如图12-6所示。

02 打开"新建边距和分栏"对话框，设置"边距"栏的"上"、"下"、"内"、"外"分别为"40毫米"，"20毫米"，"10毫米"，"10毫米"，单击 确定 按钮，如图12-7所示。

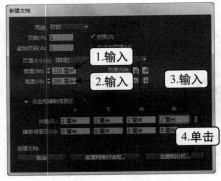

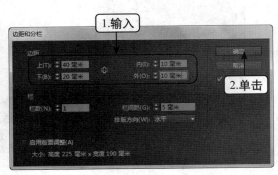

图12-6 设置页面　　　　　　　　　　图12-7 设置边距

03 在"工具栏"中双击"渐变工具",打开"渐变"面板,再在版面中单击,使其应用于版面,如图12-8所示。

04 在"渐变"面板中选择黑色色标,按【F6】键打开"颜色"面板,单击右上方的"展开菜单"按钮▤,在弹出的下拉菜单中选择"CMYK"命令,如图12-9所示。

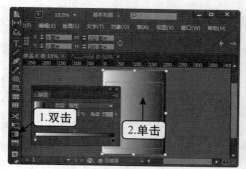

图12-8　应用渐变

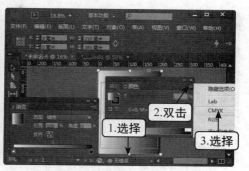

图12-9　选择颜色类型

05 在"颜色"面板中设置"C=50 M=15 Y=0 K=0",如图12-10所示。

06 在"渐变"面板中设置"位置"为"20%",角度为"－90°",如图12-11所示。

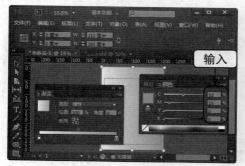

图12-10　设置颜色

图12-11　设置位置和角度

07 利用"矩形工具"再绘制一个沿边距大小的矩形,单击"选择工具",再在矩形右边线上单击黄色标记▢,出现四角黄色标记时,拖动右上角标记到"16毫米"处,做圆角处理,如图12-12所示。

08 在"属性栏"中设置描边为"C=0 M=0 Y=100 K=0",粗细为"5点",如图12-13所示。

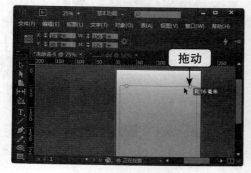

图12-12　圆角处理

图12-13　设置描边颜色和粗细

09 单击"颜色"面板中的填色按钮，双击"渐变工具"，再在该矩形框中单击，在"渐变"面板中设置角度为"90°"，如图12-14所示。

10 框选择2个矩形，按【Ctrl+L】组合键将其锁定，然后创建"杰贤英语"文本，如图12-15所示。

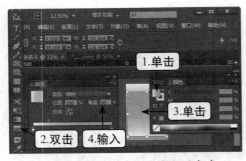

图12-14　应用渐变色和设置角度

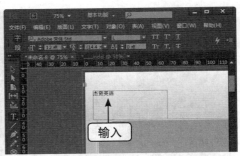

图12-15　输入文本

11 全选文本，在属性栏设置字体为"方正琥珀简体"，字号为"30点"，如图12-16所示。

12 继续在属性栏设置填色为"C=15 M=100 Y=100 K=0"，文本对齐方式为"居中对齐"，如图12-17所示。

图12-16　设置字体和字号

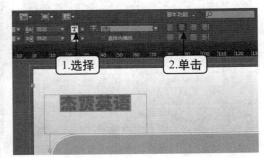

图12-17　设置填色和对齐方式

13 按【Esc】键选择该文本所在的文本框，做圆角处理，拖动鼠标至"5毫米"处，如图12-18所示。

14 设置该文本框颜色为"C=25 M=4 Y=0 K=0"，确认设置，如图12-19所示。

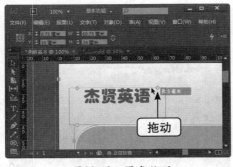

图12-18　圆角处理

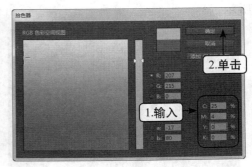

图12-19　设置颜色

15 在属性栏设置文本框对齐方式为"居中对齐"，如图12-20所示。

⑯ 继续在属性栏设置X、Y、W、H分别为"－3毫米"、"0毫米"、"55毫米"、"22毫米"，如图12-21所示。

图12-20　居中对齐

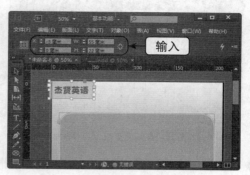

图12-21　设置文本框位置和大小

⑰ 利用"铅笔工具"在版面右上方绘制一条曲线路径，如图12-22所示。

⑱ 利用"路径文字工具"在该路径上输入"在快乐中成长学习"，并设置其字体为"方正少儿简体"，字号为"36"，如图12-23所示。

图12-22　绘制曲线

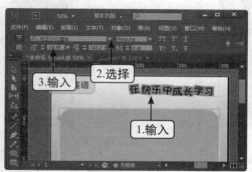

图12-23　输入文本并设置字体和字号

⑲ 继续设置该文本填色为"C=49 M=98 Y=40 K=0"，确认设置，如图12-24所示。

⑳ 选择该曲线路径设置其描边为"无"，如图12-25所示。

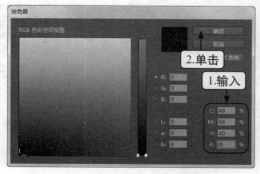

图12-24　设置颜色

图12-25　取消描边

㉑ 创建"杰"文本，设置字体为"黑体"，字号为"60点"，如图12-26所示。

㉒ 继续设置其填色为"白色"，描边为"黑色"，对齐方式为"居中对齐"，如图12-27所示。

Indesign CC

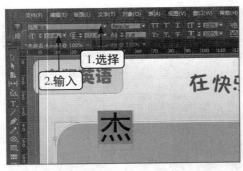

图12-26　设置字体和字号

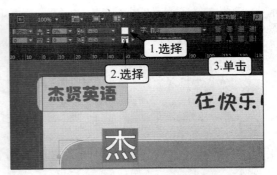

图12-27　设置填色、描边和对齐方式

㉓ 按【Esc】键选择该文本所在的文本框，选择【窗口】/【对象和面板】/【路径查找器】菜单命令，如图12-28所示。

㉔ 打开"路径查找器"面板，设置路径的转换形状为"圆角矩形"，如图12-29所示。

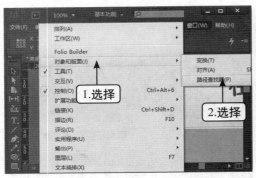

图12-28　选择路径查找器

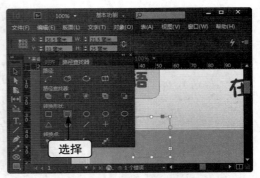

图12-29　转换形状

㉕ 在属性栏中设置该文本框的"W"、"H"分别为"23毫米"和"32毫米"，如图12-30所示。

㉖ 继续设置其填色为"C=15 M=100 Y=100 K=0"，然后设置对齐方式为"居中对齐"，如图12-31所示。

图12-30　设置文本框大小

图12-31　设置颜色和对齐方式

㉗ 按【Ctrl+Alt+U】组合键打开"多重复制"对话框，设置计数为"5"，垂直为"0毫米"，水平为"20毫米"，确认设置，如图12-32所示。

㉘ 依次将"贤"文本所在文本框的填色设置为"C=24 M=60 Y=99 K=0"，"英"文本所

在文本框的填色设置为"C=0 M=0 Y=100 K=0";"语"文本所在文本框的填色设置为"C=75 M=5 Y=100 K=0",色调为"78";"学"文本所在文本框的填色设置为"C=75 M=5 Y=100 K=0";"校"文本所在文本框的填色设置为"C=100 M=100 Y=40 K=0",文本为"校",然后在垂直方向适当调整每个文本框的位置,效果如图12-33所示。

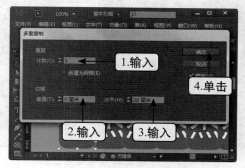

图12-32 设置计数和位移

图12-33 设置后效果

㉙ 全选6个文本框,按【Ctrl+G】组合键进行编组,在属性栏中设置编组后文本框的"X"、"Y"为"43.25毫米"和"27.5毫米",如图12-34所示。

㉚ 创建电话和地址的文本,如图12-35所示。

图12-34 设置文本框位置

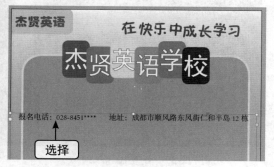

图12-35 输入文本

㉛ 全选文本,设置字号为"18",对齐方式为"居中对齐"。

㉜ 按【Esc】键选择该文本所在的文本框,设置填色为"C=0 M=0 Y=100 K=0",对齐方式为"居中对齐",并设置"X"、"Y"、"W"、"H"分别为"0毫米"、"275毫米"、"210毫米"、"10毫米",如图12-36所示。

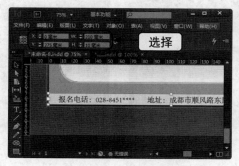

图12-36 设置文本框位置和大小

2. 制作宣传文本及图像

01 创建"2014春季火热招生中！"文本，全选择文本，设置其字体为"方正平胖头鱼简体"，字号为"24点"，如图12-37所示。

02 继续设置填色为"C=0 M=0 Y=100 K=0"，描边为"黑色"，如图12-38所示。

图12-37　设置字体和字号　　　　图12-38　设置填色和描边颜色

03 按【F10】键打开"描边"面板，设置粗细为"3点"，如图12-39所示。

04 选择该文本框，设置"X"、"Y"分别为"96毫米"和"74毫米"，如图12-40所示。

图12-39　设置描边粗细　　　　图12-40　设置文本框位置

05 利用钢笔工具绘制一条曲线，如图12-41所示。

06 利用"路径文字工具"在该路径上输入"欢迎试听课程"，并设置其字体为"方正琥珀简体"，字号为"30"，如图12-42所示。

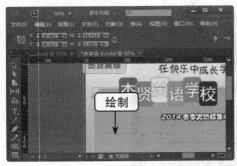

图12-41　绘制曲线　　　　图12-42　输入文本及设置字体字号

07 继续设置该文本的填色为"C=15 M=100 Y=100 K=0"，色调为"86%"，描边为"黑

色"，如图12-43所示。

08 按【F10】键打开"描边"面板，设置粗细为"2点"，如图12-44所示。

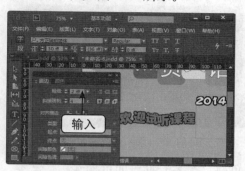

图12-43　设置填色和描边颜色　　　　　　　　图12-44　设置描边粗细

09 选择该曲线路径设置其描边为"无"，如图12-45所示。

10 设置其"X"、"Y"分别为"30毫米"和"100毫米"，如图12-46所示。

图12-45　取消描边　　　　　　　　　　　　图11-46　设置路径位置

11 利用"椭圆工具"，按住【Shift】键不放在版面中绘制一个"W"、"H"都为"13.5毫米"的正圆图形，如图12-47所示。

12 设置其填色为"C=0 M=0 Y=100 K=0"，描边为"无"，如图12-48所示。

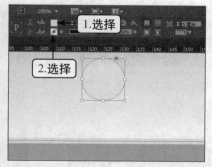

图12-47　绘制正圆　　　　　　　　　　　图12-48　设置填色和取消描边

13 按【Ctrl+Alt+U】组合键打开"多重复制"对话框，设置计数为"5"，垂直为"0毫米"，水平为"13毫米"，确认设置，如图12-49所示。

14 将鼠标指针移动至路径文本框边角处拖动，改变几个圆形路径的大小，设置后的效果如图12-50所示。

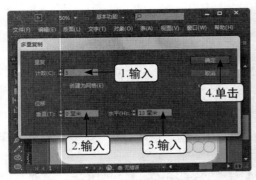

图12-49 设置计数和位移

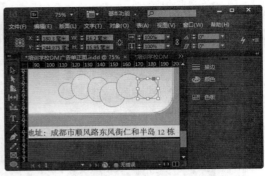

图12-50 设置后效果

⑮ 创建"报名长期班即可抽奖！"文本，全选择文本，设置字体为"方正卡通简体"，字号为"24点"，如图12-51所示。

⑯ 继续设置其填色为"C=15 M=100 Y=100 K=0"，如图12-52所示。

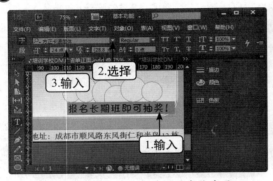

图12-51 输入文本并设置字体字号

图12-52 设置填色

⑰ 选择该文本框拖动至黄色椭圆图形上，如图12-53所示。

⑱ 框选择六个椭圆形和该文本框，按【Ctrl+G】组合键进行编组，然后将编组后的文本框的"X"、"Y"分别为"110毫米"和"233毫米"，如图12-54所示。

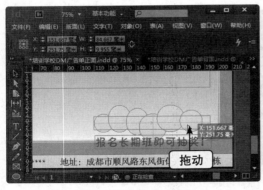

图12-53 移动文本框

图12-54 设置文本框位置

⑲ 利用"矩形框架工具"在版面中绘制三个矩形框架，如图12-55所示。

⑳ 全选三个矩形，选择【窗口】/【对象和面板】/【路径查找器】菜单命令，在"路径查找器"面板中设置转换形状为圆角矩形，如图12-56所示。

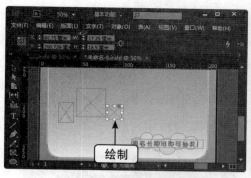
图12-55　绘制矩形框架

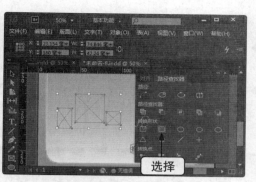
图12-56　转换形状

㉑ 选择【对象】/【适合】/【框架适合选项】菜单命令，在"框架适合选项"对话框中设置适合类型为"内容适合框架"，确认设置，如图12-57所示。

㉒ 从左到右在三个框架中分别置入素材提供的"玩具.jpg"、"数码相机.jpg"、"香包.jpg"图像，如图12-58所示。

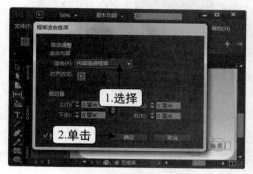
图12-57　设置内容适合框架

图12-58　置入图像

 专家课堂

图像的准确置入
置入图像时一定要在框架内单击，才能准确将其置入到框架中。

㉓ 全选三个框架，设置其"X"、"Y"分别为"20毫米"和"218毫米"，如图12-59所示。

图12-59　移动文本框

3. 制作课程表格

01 按【F5】键打开"色板"面板，单击右上方的"展开菜单"按钮▤，在弹出的下拉菜单中选择"新建颜色色板"命令，如图12-60所示。

02 打开"新建颜色色板"对话框，取消选择"以颜色值命名"复选框，设置"色板名称"为"1"，设置"青色"、"洋红色"、"黄色"、"黑色"分别为"0%"、"68%"、"26%"、"26%"，确认设置，如图12-61所示。

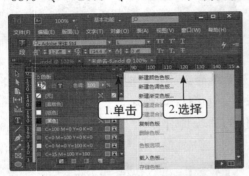
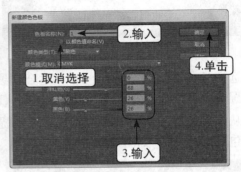

图12-60　新建色板　　　　　　图12-61　设置名称和颜色

03 按照上述2步操作再分别新建：名称为"2"、"青色"、"洋红色"、"黄色"、"黑色"分别为"0%"、"93%"、"100%"、"48%"；名称为"3"、"青色"、"洋红色"、"黄色"、"黑色"分别为"52%"、"8%"、"0%"、"20%"；名称为"4"、"青色"、"洋红色"、"黄色"、"黑色"分别为"46%"、"40%"、"0%"、"0%"；名称为"5"、"青色"、"洋红色"、"黄色"、"黑色"分别为"44%"、"96%"、"0%"、"0%"的几个色板，完成所有色板设置后的效果如图12-62所示。

04 创建"试听课程安排："文本，选择该文本框，设置"X"、"Y"分别为"28毫米"和"109毫米"，如图12-63所示。

05 创建一个行数为"5行"、列数为"2列"的表格，框选择该表格所有行和列，选择【表】/【单元格选项】/【行和列】菜单命令，打开"单元格选项"对话框，在其中设置"行高"为"6毫米"，"列宽"为"85毫米"，确认设置，如图12-64所示。

图12-62　创建色板　　　图12-63　输入文本并移动位置　　　图12-64　设置行高和列宽

06 框选择第一列所有单元格，设置其填色为"1"，如图12-65所示。

07 框选择第二列所有单元格，设置其填色为"C=0 M=0 Y=100 K=0"，色调为"50%"，如图12-66所示。

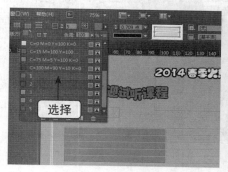
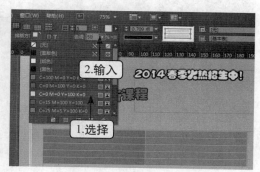

图12-65　设置填色　　　　　图12-66　设置填色和色调

08 单选择第一个单元格，设置填色为"C=0 M=100 Y=0 K=0"，如图12-67所示。

09 单选择第一行的第二个单元格，设置其填色为"2"，如图12-68所示。

图12-67　设置填色　　　　　图12-68　设置填色

10 将鼠标指针移至两列中间分割线位置，拖动鼠标到适当位置，如图12-69所示。

11 将鼠标指针移至最右侧边缘位置，拖动鼠标到适当位置，如图12-70所示。

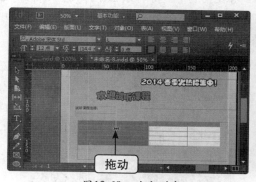

图12-69　改变列宽　　　　　图12-70　改变列宽

12 将插入光标定位到任意单元格中，按【Ctrl+Alt+Shift+B】组合键打开"表设置"对话框，设置表外框的粗细为"1.5点"，如图12-71所示。

13 选择"行线"选项卡，设置"交替模式"为"自定行"，设置"交替"栏中的"后"为"0"，"粗细"为"1.5点"，确认设置，如图12-72所示。

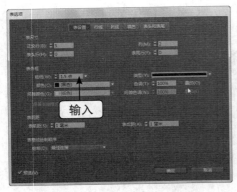
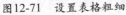

图12-71 设置表格粗细

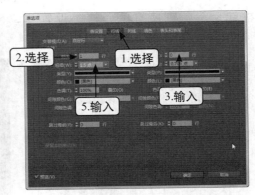

图12-72 设置交替模式和粗细

⑭ 在各单元格中输入相应的内容，如图12-73所示。

⑮ 框选择整个表格，在属性栏中设置水平和垂直对齐方式均为"居中对齐"，如图12-74所示。

图12-73 输入文本

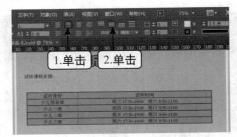

图12-74 设置对齐方式

⑯ 选择该表格所在的文本框，设置其"X"、"Y"分别为"20毫米"和"120毫米"，然后创建"长期课程："文本，选择该文本框，设置"X"、"Y"分别为"18毫米"和"164毫米"，如图12-75所示。

⑰ 创建一个行数为"6行"、列数为"3列"的表格，框选择该表格所有行和列，选择【表】/【单元格选项】/【行和列】菜单命令，打开"单元格选项"对话框，在其中设置"行高"为"6毫米"，确认设置，如图12-76所示。

图12-75 输入文本并移动位置

图12-76 设置行高

⑱ 在属性栏中设置其水平和垂直方向为"居中对齐"，如图12-77所示。

⑲ 继续在属性栏中选择描边预览框中间的横向和纵向2条直线，再设置其描边粗细为"1.5点"，如图12-78所示。

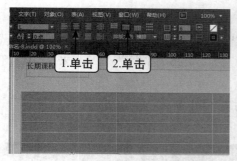

图12-77　设置对齐方式

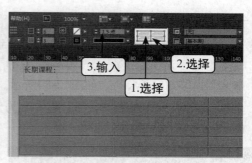

图12-78　设置描边粗细

20 分别选择第一列、第二列和第三列，分别设置其填色为"3"、"C=0 M=0 Y=100 K=0"、色调"50%"和"4"，设置后的效果如图12-79所示。

21 分别选择第一行三个单元格，依次分别设置其填色为"C=100 M=90 Y=10 K=0"、色调"80%"，"2"和"5"，设置后的效果如图12-80所示。

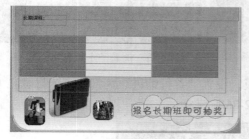

图12-79　设置后效果

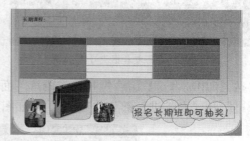

图12-80　设置后效果

22 拖动鼠标调整列宽后的效果如图12-81所示。

23 在各单元格中输入相应的内容，如图12-82所示。

图12-81　调整后效果

图12-82　输入文本

24 选择该表格所在的文本框，设置"X"、"Y"分别为"20毫米"和"176毫米"如图12-83所示。

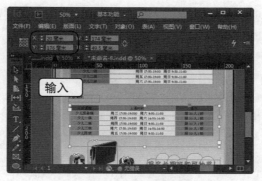

图12-83　设置文本框位置

267

4. 制作DM广告单背面

01 打开素材提供的"背景素材.indd"文档，置入素材提供的"简介.doc"文档，设置该文本框的"X"、"Y"、"W"、"H"分别为"11.5毫米"、"73毫米"、"187.25毫米"、"200毫米"，如图12-84所示。

02 全选该文本框中的文本，设置字体为"方正少儿简体"，字号为"21.5点"，如图12-85所示。

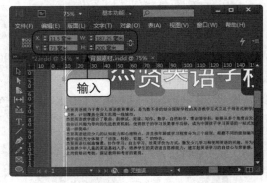

图12-84　设置文本框大小和位置

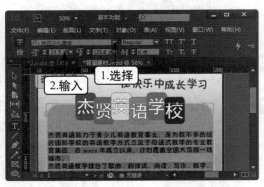

图12-85　设置字体和字号

03 按【Ctrl+Alt+T】组合键打开"段落"面板，设置"首行缩进"为"16毫米"，"左缩进"和"右缩进"都为"7毫米"，如图12-86所示。

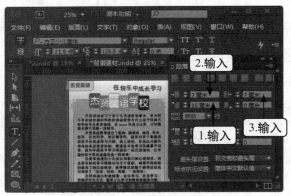

图12-86　设置左、右缩进和首行缩进

第13章
制作旅游景点推广展板

项目目标

本项目将主要通过景区文字介绍的串接和真实景点图像的编排来制作旅游景点推广展板，吸引更多的游客到此景区游玩。本项目的最终效果如图13-1所示。

素材文件	素材\第13章\旅游景点推广展板\三景点.txt、老虎海.jpg、熊猫海.jpg……
效果文件	效果\第13章\旅游景点推广展板\旅游景点推广展板.indd
动画演示	动画\第13章\13-1.swf、13-2.swf、13-3.swf

图13-1　旅游景点推广展板效果图

任务分析

1. 项目分析

展板是指用于宣传、展示时使用的信息载体，如木展板、铁架子等。展板一般出现在商场、企业、医院、学校、小区等地方，它具有耐人寻味的广告文字、真实的宣传照片和色彩鲜艳的图形。优秀的展板设计是吸引观众、推介产品、促进消费的重要载体，而公益性的展板则可以使人有深思的感觉。

一般的展板都是使用彩色喷绘画面覆在KT板上制作，成品KT板出厂标准尺寸为90cm×240cm或120cm×240cm，如果把板平分，便成为90cm×120cm或120cm×120cm，这就是所谓的"标准板"。另外，平分"标准板"形成的尺寸（如90cm×60cm，或者120cm×60cm）都是"标准大小"。

在制作展板时，尺寸最好能够跟"标准大小"一致，既可以充分的利用成品标准板，又不会浪费材料，从而降低展板的成本。

本项目将运用120cm×60cm大小的版面来设计制作旅游景点推广展板。

2. 重难点分析

制作本项目时，应注意以下几方面的问题。

- 对象的对齐：由于本项目中的元素较多，有文本框、图像、图形等，若单个调整对象对齐会很麻烦，我们将运用"对齐"面板一次调整多个对象的对齐，在此情况下，应注意对齐属性和参数的控制。
- 图像的置入：本项目需要置入多张图像，此时可利用Indesign提供的多种框架工具，把图像置入到已设置好形状和大小的框架之中，从而实现对图像进行统一设置。需要注意的是，在执行此操作时，首先要对创建好的框架设置适合的类型，并且要在框架内单击才能使图像置入到框架之中。

制作思路

旅游景点推广展板的制作思路如下所示。

（1）置入及调整文本。本项目制作的旅游景点推广展板要求创建一个1200×600（mm）的版面，出血设置为3毫米，避免剪裁时误伤到版面，然后使用参考线粗略规划整体的版面设计，再添加一个边框，最后置入和编辑文本，如图13-2所示即为编辑文本后的效果。

图13-2　编辑文本后的效果

（2）应用图像。文本调整好以后，置入素材提供的景点图像，本项目需要多次使用框架工具，首先设置好框架，然后再将图像置入到框架内，并对图像进行调整编辑，置入图像后的效果如图13-3所示。

图13-3　应用的图像

（3）添加点缀图形。文本和图像编辑好以后，版面右下角显得比较空，此时可在版面的空白区域添加一些图形来进行点缀，使版面看起来更加美观和规范化，如图13-4所示。

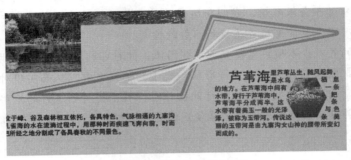

图13-4　添加的点缀图形

> ▶ **操作步骤**

下面具体介绍旅游景点推广展板的制作方法和操作步骤。

1. 置入及调整文本

01 启动Indesign CC，新建一个"宽度"和"高度"分别为"1200毫米"和"600毫米"、出血参数均为"3毫米"、边距参数均为"20毫米"的空白文档，然后在版面中的"460毫米"和"860毫米"处创建2条垂直参考线，如图13-5所示。

02 利用"矩形工具"创建一个和边距一样大小的矩形，按【F10】键打开"描边"面板，在其中设置粗细为"26点"，类型为"虚线（3和2）"，如图13-6所示。

图13-5　创建参考线

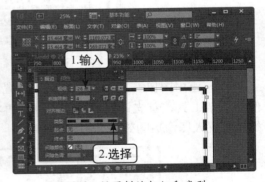

图13-6　设置描边粗细和类型

03 按【Ctrl+L】组合键将该矩形图形锁定，在左侧版面上方创建"神奇"文本，按【Ctrl+T】组合键打开"字符"面板，在其中设置字体为"汉仪圆叠体简"、字号为"140点"、字符间距为"300点"，如图13-7所示。

04 设置该文本填色为"C=0 M=0 Y=100 K=0"，按【Esc】键选择该文本所在的文本框，然后选择【对象】/【效果】/【投影】菜单命令，在"效果"对话框中设置"位置"栏的距离为"8毫米"，确认设置，如图13-8所示。

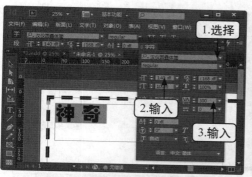

图13-7　设置字体字号和字符间距

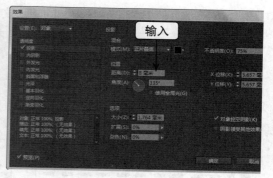

图13-8　设置投影距离

05 双击该文本框右下角处使文本框适合文本内容，再在该文本框右下方创建"九寨"文本，在"字符"面板中设置其字体为"汉仪雪峰体简"、字号为"160点"、字符间距为"300点"，如图13-9所示。

06 设置其填色为"C=100 M=90 Y=10 K=0"、色调为"80%"，如图13-10所示。

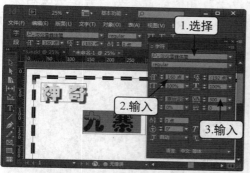

图13-9　设置字体字号和字符间距

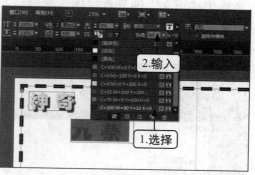

图13-10　设置填色和色调

07 双击该文本框右下角处使文本框适合文本内容，利用文字工具在文本下方绘制一个W为"380毫米"、H为"150毫米"的矩形文本框，如图13-11所示。

08 选择该文本框，单击右下角□控制点，如图13-12所示。

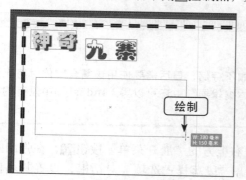

图13-11　绘制文本框

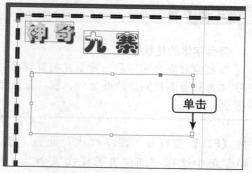

图13-12　创建桥接

09 拖动鼠标在左侧版面下方绘制一个W为"345毫米"、H为"95毫米"的矩形文本框，如图13-13所示。

10 选择刚创建的文本框，单击右下角□控制点，再在该文本框右侧中间版面创建一个W

为"360毫米"、H为"60毫米"的矩形文本框，如图13-14所示。

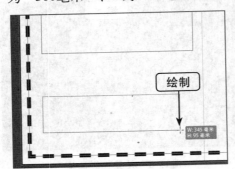

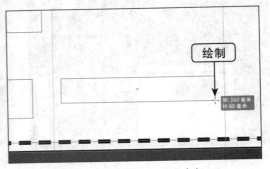

图13-13　绘制桥接后的文本框　　　　　图13-14　绘制桥接后的文本框

⓫　按【Ctrl+D】组合键置入素材提供的"三景点.txt"文档，在第一个绘制的文本框中单击，如图13-15所示。

⓬　选择【文字】/【复合字体】菜单命令，打开"复合字体编辑器"对话框，新建一个名称为"正文"的复合字体，然后设置"汉字"和"标点"为"方正黑体简体"、"罗马字"为"Arial"、"数字"为"Time New Roman"，再将其存储，确认设置，如图13-16所示。

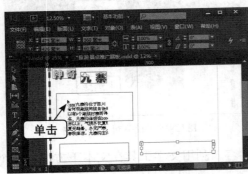

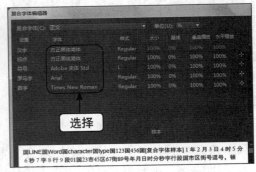

图13-15　置入文本　　　　　　　图13-16　设置汉字、标点等字体

专家课堂

复合字体的注意事项

　　在创建好复合字体后一定要先将其存储，如不存储，日后需要使用该复合字体时将无法在字体系列里面找到。除此之外，在"复合字体编辑器"中还可以导入Indesign中没有的字体系列。

⓭　按【F11】键打开"段落样式"面板，单击右上方的"展开菜单"按钮，在弹出的下拉菜单中选择"新建段落样式"命令，打开"段落样式选项"对话框，设置其名称为"正文段落"，在左侧列表框中选择"基本字符格式"选项，设置字体系列为刚创建的"正文"、大小为"32点"，如图13-17所示。

⓮　继续在左侧列表框中选择"缩进和间距"选项，设置首行缩进为"24毫米"、段前距为"2毫米"，确认设置，如图13-18所示。

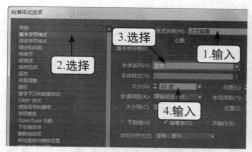

图13-17 设置名称、字体和字号

图13-18 设置首行缩进和段前距

⓯ 返回"段落样式"面板中，再新建一个段落样式，在"段落样式选项"对话框中，设置其名称为"正文段落2"，设置"基于"为"正文段落"，如图13-19所示。

⓰ 在左侧列表框中选择"首字下沉和嵌套样式"选项，设置首字下沉的行数为"2"、字数为"3"，确认设置，如图13-20所示。

图13-19 设置名称和基于

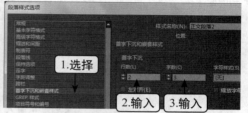

图13-20 设置首字下沉行数和字数

⓱ 将"正文段落"样式应用于刚置入的全部文本，然后在右侧版面上方创建一个W为"265毫米"、H为"230毫米"的文本框，置入素材提供的"犀牛海.txt"文档至此文本框中，全选择文本应用"正文段落2"样式，如图13-21所示。

⓲ 按照上述方法，在右侧版面下方创建一个W为"220毫米"、H为"135毫米"的文本框，置入素材提供的"芦苇海.txt"文档至此文本框中，并将其应用"正文段落2"样式，如图13-22所示。

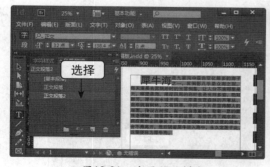

图13-21 应用段落样式

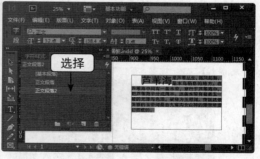

图13-22 应用段落样式

2. 应用图像

⓵ 在左侧版面2个段落文本框之间创建一个W为"340毫米"、H为"120毫米"的矩形图形，设置其填色为"黑色"、描边为"无"，如图13-23所示。

⓶ 在此矩形图形左上方创建一个W和H均为"12毫米"的正方形，并将其填色设置为

"白色"、描边设置为"无",如图13-24所示。

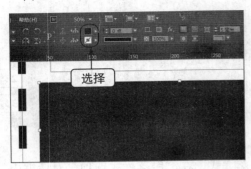
图13-23　设置填色和描边

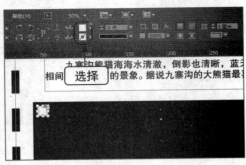
图13-24　设置填色和描边

03 按【Ctrl+Alt+U】组合键打开"多重复制"对话框,设置重复计数为"16"、垂直位移为"0毫米"、水平位移为"20毫米",确认设置,如图13-25所示。

04 加选择第一个白色正方形,按住【Alt】键不放,拖动上面一排的白色正方形到黑色矩形下方的适当位置,如图13-26所示。

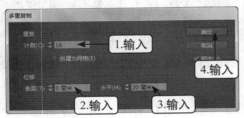
图13-25　设置重复计数和位移

图13-26　复制拖动对象

05 在黑色矩形左侧中间位置利用矩形框架工具创建一个W为"105毫米"、H为"71毫米"的矩形框架,设置其多重复制的重复计数为"2"、垂直位移为"0毫米"、水平位移为"113毫米",确认设置,如图13-27所示。

06 加选择第一个矩形框架,选择【对象】/【适合】/【框架适合选项】菜单命令,在"框架适合选项"菜单命令中设置"适合"为"按比例填充框架",确认设置,如图13-28所示。

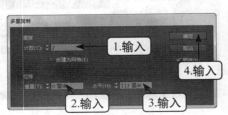
图13-27　设置重复计数和位移

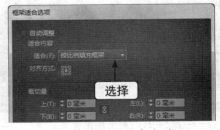
图13-28　设置适合类型

07 在版面以外单击,然后从左到右分别在三个框架中置入素材提供的"熊猫海.jpg"、"镜海.jpg"、"孔雀海.jpg"图像,框选择黑色矩形和矩形上所有的对象,按【Ctrl+G】组合键将其进行编组,置入图像后效果如图13-29所示。

08 在中间版面上方,绘制四个相同大小,W为"165毫米"、H为"85毫米"的矩形框架，交叉排列，如图13-30所示。

 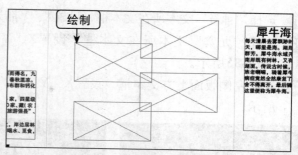

图13-29　置入图像后的效果　　　　图13-30　绘制矩形框架

09 按照上述"按比例填充框架"置入图像的方法，从上到下依次置入"老虎海.jpg"、"树正群海.jpg"、"火花海.jpg"、"五花海.jpg"图像，框选四个图像，按【Ctrl+G】组合键将其进行编组，所有图像置入完成后效果如图13-31所示。

10 在右侧版面上方文本框上创建一个宽度和高度都为"120毫米"、边数为"5"、星形内陷为"0%"的多边形框架。

11 按照上述"按比例填充框架"置入图像的方法置入素材提供的"犀牛海.jpg"图像，然后选择【窗口】/【文本绕排】菜单命令，打开"文本绕排"对话框，在其中设置绕排方式为"沿对象形状绕排"、上位移为"3毫米"，拖动到文本框中适当位置后，框选择该文本框和图像，按【Ctrl+G】组合键将其进行编组，如图13-32所示。

图13-31　置入图像后的效果　　　　图13-32　设置绕排方式和上位移

12 在右侧版面下方文本框上创建一个宽度和高度都为"72毫米"、边数为"6"、星形内陷为"0%"的多边形框架。

13 按照上述"按比例填充框架"置入图像的方法置入"芦苇海.jpg"图像，然后装饰文本绕排方式设置上位移为"4毫米"，拖动到文本框中适当位置，框选择该文本框和图像，按【Ctrl+G】组合键进行编组，如图13-33所示。

图13-33　设置绕排方式和上位移

3. 添加点缀图形

01 选择"神奇"文本所在文本框,设置X、Y都为"55毫米",如图13-34所示。

02 选择"九寨"文本所在文本框,设置X、Y分别为"180毫米"和"86毫米",如图13-35所示。

03 选择左侧版面上方文本框,设置X、Y分别为"55毫米"和"155毫米",如图13-36所示。

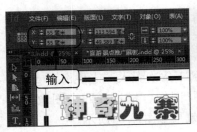 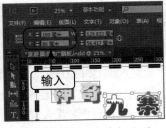 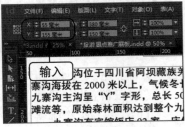

图13-34　设置文本框位置　　　图13-35　设置文本框位置　　　图13-36　设置文本框位置

04 框选择左侧面板除标题外三个对象,按【Shift+F7】组合键打开"对齐"面板,在其中设置"对齐"为"对齐关键对象","对齐对象"为"水平居中对齐"、"分布间距"为"垂直分布间距",如图13-37所示。

05 选择中间版面上方4个图像对象,按住【Ctrl+Shift】组合键不放,分别拖动两侧至2条参考线处,如图13-38所示。

 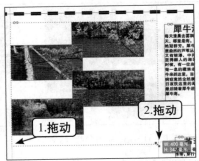

图13-37　设置对齐方式　　　　　　　图13-38　等比放大对象

06 框选择中间版面的2个对象,在"对齐"面板中设置"对齐"为"对齐关键对象",单击上方图像对象边缘位置,再在版面中设置"对齐对象"为"水平居中对齐",如图13-39所示。

07 框选择右侧面板2个对象,设置为"水平居中对齐",如图13-40所示。

图13-39　设置水平居中对齐　　　　　图13-40　设置水平居中对齐

08 框选择左侧面板"神奇"文本框、中间版面上方图像对象和右侧版面上方对象，设置"对齐"为"对齐关键对象"、"对齐对象"为"顶对齐"，如图13-41所示。

09 框选择3个版面最下方3个对象，设置"对齐"为"对齐关键对象"、"对齐对象"为"底对齐"，如图13-42所示。

图13-41　设置顶对齐

图13-42　设置底对齐

10 利用矩形工具绘制一个矩形图形，设置其填色为"无"、描边为"C=0 M=0 Y=100 K=0"、描边粗细为"10"，如图13-43所示。

11 设置该矩形的"X"、"Y"、"W"、"H"分别为"326毫米"、"58毫米"、"129毫米"、"38毫米"，如图13-44所示。

图13-43　设置填色、描边和粗细

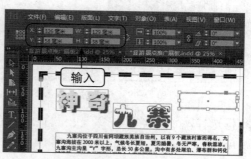

图13-44　设置对象位置和大小

12 按【F10】键打开"描边"面板，设置描边类型为"虚线（3和2）"，如图13-45所示。

13 复制粘贴该矩形，将复制后的矩形填色设置为"C=75 M=5 Y=100 K=0"、色调设置为"54%"，如图13-46所示。

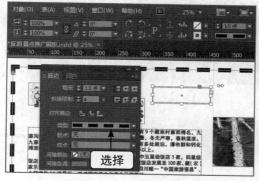

图13-45　设置描边类型

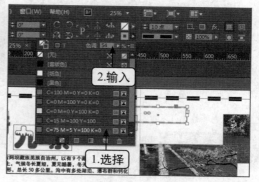

图13-46　设置填色及色调

14 设置该矩形"X"、"Y"分别为"435毫米"、"39毫米"，如图13-47所示。

⑮ 在中间版面和右侧版面空白处用钢笔工具绘制一个交叉三角形，然后在"描边"面板中设置"粗细"为"29点"、"斜接限制"为"圆角连接"、"类型"为"粗细"，如图13-48所示。

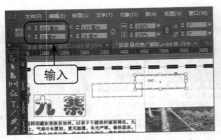

图13-47　设置对象位置

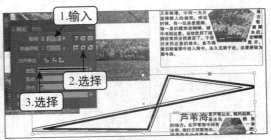

图13-48　设置粗细、斜接限制及类型

⑯ 按【F6】键打开"颜色"面板，设置该对象填色为"C=75 M=5 Y=100 K=0"，如图13-49所示。

⑰ 原位粘贴该图形对象，利用直接选择工具将粘贴图形的四角往内缩小到适当位置，并将其填色设置为"C=0 M=0 Y=100 K=0"，如图13-50所示。

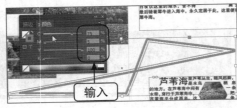

图13-49　设置对象颜色

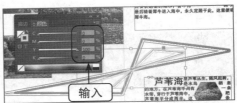

图13-50　复制后编辑图形对象

⑱ 框选择2个图形将其"X"、"Y"设置分别为"553毫米"、"305毫米"，如图13-51所示。

⑲ 利用矩形工具绘制一个沿页边距大小的矩形，按【Ctrl+Shift+[】组合键将其置于最底层，按【F6】打开颜色面板，设置为填色，如图13-52所示。

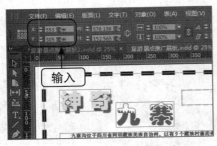

图13-51　设置对象位置

图13-52　选择填色

专家课堂

"颜色"面板的应用

　　在设置完描边属性后，本次绘制的图形设置渐变时，系统会默认为设置描边时的渐变效果，如设置填充渐变，则需要在"颜色"面板中选择填色进行切换。

20 在工具栏中双击"渐变工具"，打开"渐变"面板，然后单击版面，将渐变效果应用于版面，如图13-53所示。

21 在"渐变"面板中设置"类型"为"径向"，然后选择渐变条下方左侧的白色标记，在"颜色"面板中设置"C=15 M=0 Y=0 K=0"，如图13-54所示。

图13-53　应用渐变色

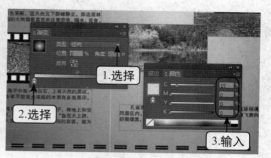

图13-54　设置渐变类型和颜色

22 继续在"渐变"面板中选择黑色色标，在"颜色"面板中单击右上方的"展开菜单"按钮，在弹出的下拉菜单中选择"CMYK"命令，如图13-55所示。

23 在"颜色"面板中设置"C=48 M=0 Y=0 K=0"，如图13-56所示。

图13-55　选择颜色模式

图13-56　设置颜色

24 在版面左侧单击，调整渐变颜色从左侧开始，如图13-57所示。

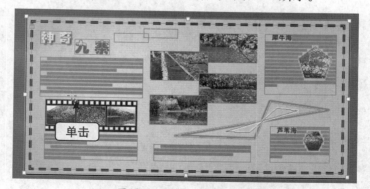

图13-57　调整渐变色起点

中文版
Indesign CC
实例教程

第14章
制作工程项目勘察
报告

项目目标

本项目将主要通过设置文章段落样式、目录、页眉页脚和封面制作工程项目勘察报告，使打印出来的报告更加美观，阅读性更强。本项目的最终效果如图14-1所示。

素材文件	素材\第14章\工程项目勘察报告\工程项目勘察报告.txt
效果文件	效果\第14章\工程项目勘察报告\工程项目勘察报告.indd
动画演示	动画\第14章\14-1.swf、14-2.swf、14-3.swf

图14-1　工程项目勘察报告效果图

任务分析

1. 项目分析

项目报告书是指对某一项目进行介绍、分析和构想的文字总结，其实质是申请者在项目管理领域，对知识和实际经验的综合反映。

项目报告书没有专门格式的要求，但需要项目名称、工作单位和报告日期，也可加上页眉页脚。

一般的项目报告书使用A4纸打印，所以本项目将使用185×260（mm）、出血为3mm的版面制作工程项目勘察报告书。

2. 重难点分析

制作本项目时，应注意以下几方面的问题。

- 目录的创建：在创建目录之前需要提取词条做段落样式应用，本项目将对已应用段落样式的一级标题、二级标题做目录列表，另外，目录格式和正文不同，所以在创建目录之前，还需要先创建目录需要应用的段落样式。

- 页眉及页脚：因为报告书、书籍、报刊等都是两面印刷的，所以创建页眉页脚时需要考虑其位置，不能在奇数页和偶数页都处于同一位置。如报告书的正面和背面的页眉、页脚都处于版面右侧，那么在装订时会发现，正面的页眉页脚在书中向外一侧，而背面的页眉页脚则在书脊位置，靠里面一侧。

制作思路

工程项目勘察报告的制作思路如下所示。

（1）置入文本和应用段落样式。本项目将置入纯文本样式的报告书，所以需要先创建一系列的段落样式，包括标题样式和正文样式，然后将其应用于文本中，如图14-2所示即为应用段落样式后的文本效果。

（2）设置页眉页脚。在Indesign中页眉和页脚的制作，可以通过设置主页来实现，本项目将页眉设置为公司Logo和项目名称，页脚设置为页码，再加上一些图形进行点缀，成功设置页眉页脚的效果如图14-3所示。

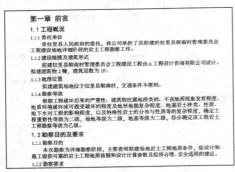

第一章 前言

1.1 工程概况

1.1.1 委托单位

受拉里县人民政府的委托，我公司承担了其拟建的拉里县朝南村管理委员会工程建设场地详细阶段的岩土工程勘察工作。

1.1.2 建设规模及建筑形式

拟建拉里县朝南村管理委员会工程建设工程由A工程设计咨询有限公司设计。拟建建筑物2幢，建筑层数为1F。

1.1.3 地理位置

拟建建筑场地位于拉里县朝南村，交通条件不便利。

1.1.4 勘察等级

根据工程破坏后果的严重性、建筑物抗震地段类别、不良地质现象发育程度、地质环境破坏或可能受破坏的程度及地形地貌复杂程度、地基岩土种类、性质、地下水对工程的影响程度，以及特殊性岩土的分布与性质等的复杂程度，确定工程重要性等级为二级，场地等级为二级，地基等级为二级，综合确定该工程岩土工程勘察等级为乙级。

1.2 勘察目的及要求

1.2.1 勘察目的

本次勘察为详细勘察阶段，主要查明拟建场地岩土工程地质条件，给设计和施工提供可靠的岩土工程地质依据和设计计算参数及经济合理、安全适用的建议。

1.2.2 勘察要求

图14-2　应用段落样式后的效果

拉里县朝南村管理委员会工程

第一章 前言

1.1 工程概况

1.1.1 委托单位

受拉里县人民政府的委托，我公司承担了其拟建的拉里县朝南村管理委员会工程建设场地详细阶段的岩土工程勘察工作。

1.1.2 建设规模及建筑形式

拟建拉里县朝南村管理委员会工程建设工程由A工程设计咨询有限公司设计。拟建建筑物2幢，建筑层数为1F。

1.1.3 地理位置

拟建建筑场地位于拉里县朝南村，交通条件不便利。

1.1.4 勘察等级

根据工程破坏后果的严重性、建筑物抗震地段类别、不良地质现象发育程度、地质环境破坏或可能受破坏的程度及地形地貌复杂程度、地基岩土种类、性质、地下水对工程的影响程度，以及特殊性岩土的分布与性质等的复杂程度，确定工程重要性等级为二级，场地等级为二级，地基等级为二级，综合确定该工程岩土工程勘察等级为乙级。

1.2 勘察目的及要求

1.2.1 勘察目的

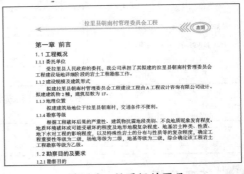

图14-3　设置好的页眉

（3）创建封面和目录。首先在正文之前插入新页面，在其中设置封面内容，然后在封面和正文之间再插入新页面，重新定义起始页便可在新建页面中设置目录，设置后的效果如图14-4所示。

目 录

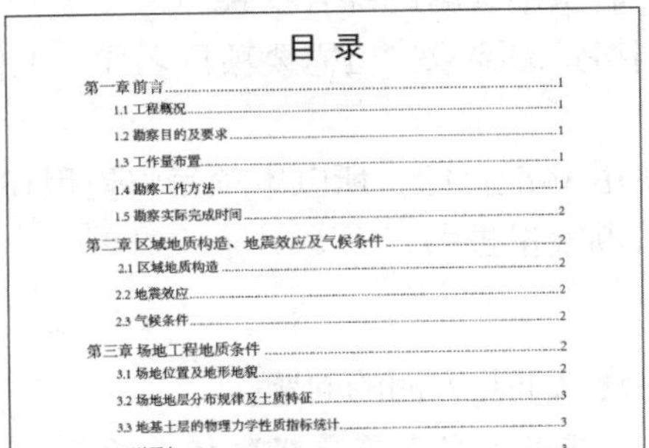

图14-4　设置的目录

下面具体介绍工程项目勘察报告的制作方法和操作步骤。

1. 置入文本及应用段落样式

01 启动Indesign CC，按【Ctrl+N】组合键打开"新建文档"对话框，设置页数为"4"、"宽度"和"高度"分别为"185毫米"和"260毫米"、出血的参数都为"3毫米"，单击 边距和分栏... 按钮，如图14-5所示。

02 打开"新建边距和分栏"对话框，在其中设置边距栏的上、下、内、外分别为"30毫米"、"22毫米"、"28毫米"、"25毫米"，单击 确定 按钮，如图14-6所示。

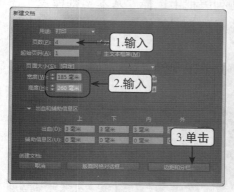
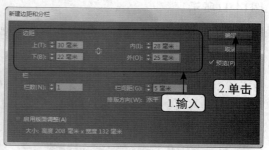

图14-5　设置页数、页面大小　　　　　　　图14-6　设置边距

03 按【Ctrl+D】组合键打开"置入"对话框，在其中选择素材提供的"工程项目勘察报告.txt"文档，然后在第一页左上角页边距处单击，如图14-7所示。

04 单击页面右下方的"溢流"标记⊞，使其变为▶状态，然后在第二页左上角页边距处单击，如图14-8所示。

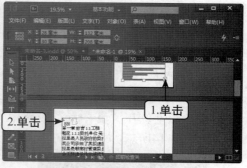

图14-7　置入文档　　　　　　　　　　　图14-8　显示文档内容

05 按照上述置入方法，依次把文档置入到下面的页面中，然后按【F11】键打开"段落样式"面板。

06 打开"新建段落样式"对话框，在左侧列表框中选择"基本字符样式"选项，在右侧设置样式名称为"正文"、大小为"10.5点"，如图14-9所示。

07 继续在左侧列表框中选择"缩进和间距"选项，在右侧设置首行缩进为"8毫米"，确认设置，如图14-10所示。

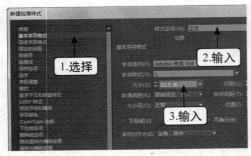

图14-9　设置名称和字号

图14-10　设置首行缩进

08 再次打开"新建段落样式"对话框，在左侧列表框中选择"基本字符样式"选项，在右侧设置样式名称为"一级标题"、字体系列为"黑体"、大小为"14点"，如图14-11所示。

09 继续在左侧列表框中选择"缩进和间距"选项，在右侧设置段前距为"3毫米"，确认设置，如图14-12所示。

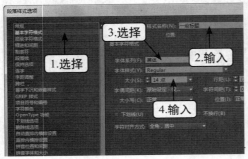

图14-11　设置名称、字体和字号

图14-12　设置段前距

10 按照以上创建段落样式的方法，创建4个段落样式，分别是：样式名称为"二级标题"、字体系列为"黑体"、字体大小为"12点"、段前距为"2毫米"的段落样式；样式名称为"三级标题"、字体大小为"10.5点"、段前距和段后距都为"1毫米"的段落样式；样式名称为"目录"、段前距为"2毫米"的段落样式；样式名称为"目录2"、字体大小为"10.5点"、首行缩进为"8毫米"、段前距和段后距都为"1.5毫米"的段落样式，完成后最终"段落样式"面板的效果如图14-13所示。

11 将插入光标定位在"第一章"段落中，应用"段落样式"面板中的"一级标题"样式，如图14-14所示。

图14-13　完成设置后效果

图14-14　应用段落样式

⑫ 然后将"一级标题"样式应用于所有一级标题,将"二级标题"样式应用于所有二级标题,将"三级标题"样式应用于所有三级标题,将"正文"样式应用于所有正文,至此完成所有文本的段落样式应用。

2. 置入页眉页脚

① 按【F12】键打开"页面"面板,双击A-主页左侧页面缩略图,将跳转到A-主页左侧页面,如图14-15所示。

② 利用"椭圆工具"在页面左上方绘制一个W、H分别为"15毫米"和"8毫米"的椭圆,按【F6】键,打开"颜色"面板,设置其描边色调为"25%",如图14-16所示。

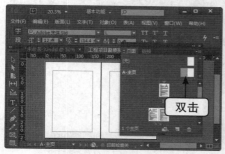
图14-15　定位页面

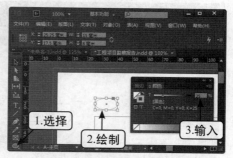
图14-16　绘制椭圆并设置描边色调

③ 按【F10】键打开"描边"面板,将其粗细设置为"2点",再设置该椭圆图形的X、Y分别为"15毫米"和"26毫米",如图14-17所示。

④ 原位粘贴一个同样的椭圆,在属性栏中设置参考点为"中心",再设置X缩放百分比为"80",如图14-18所示。

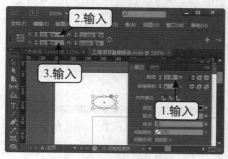
图14-17　设置描边粗细和位置

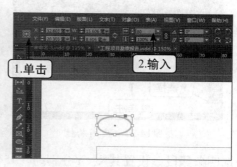
图14-18　缩小图形

⑤ 在椭圆里面创建"杰贤"文本,设置其字体为"方正剪纸简体"、字号为"10点",再在"颜色"面板中设置其色调为"50%",如图14-19所示。

⑥ 选择该文本所在的文本框,使其文本框适合文本,设置其X、Y分别为"33毫米"和"21"毫米,如图14-20所示。

⑦ 框选择该文本框和2个椭圆图形,按【Ctrl+G】组合键将其编组,然后利用矩形工具按住【Shift】键不放绘制一个W、H都为"5"毫米的正方形,并在属性栏中设置其旋转角度为"45°",如图14-21所示。

⑧ 利用剪刀工具分别在正方形上顶点和下端点处单击,然后将剪断后的左侧部分删除,编辑后的正方形效果如图14-22所示。

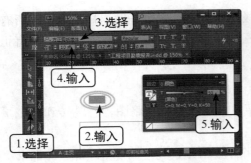

图14-19　设置字体、字号及色调

图14-20　设置文本框位置

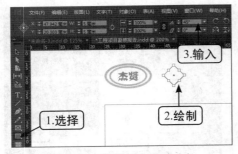

图14-21　绘制正方形并旋转

图14-22　编辑后的正方形效果

09 利用吸管工具，吸取椭圆的描边属性，在线段中应用，如图14-23所示。

10 按【Ctrl+Alt+U】组合键打开"多重复制"对话框，设置计数为"3"、垂直为"0毫米"、水平为"2毫米"，单击 确定 按钮，如图14-24所示。

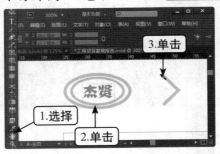

图14-23　应用属性

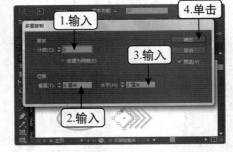

图14-24　设置计数、垂直和水平

11 全选四条线段，设置其X、Y分别为"45毫米"和"20.031毫米"，如图14-25所示。

12 利用直接选择工具拖动最右侧线段上端点至X为156毫米、Y为20.031毫米处，如图14-26所示。

图14-25　设置图形位置

图14-26　改变图形形状

⑬ 在"描边"面板中设置粗细为"3点"、终点为"倒钩",如图14-27所示。

⑭ 全选择4条线段进行复制粘贴,利用直接选择工具单击选择最右侧线段,拖动箭头顶点到适当位置,如图14-28所示。

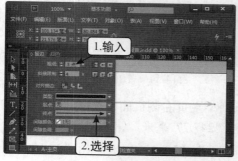

图14-27 设置粗细和终点

图14-28 改变图形形状

⑮ 将2组线段分别进行编组,然后选择刚编辑过的线段组,设置其X、Y分别为"38.245毫米"和"250毫米",如图14-29所示。

⑯ 创建"拉里县朝南村管理委员会工程"文本,使其文本框适合文本,然后设置该文本框X、Y分别为"92.5毫米"和"16毫米",如图14-30所示。

图14-29 设置图形位置

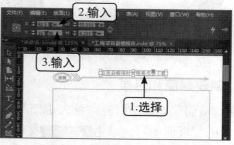

图14-30 设置文本框位置

⑰ 全选择页眉中所有对象,按住【Alt】键不放拖动到A-主页右侧页面,选择面面顶端的文本框,并设置其X、Y分别为"277.5毫米"和"16毫米",如图14-31所示。

⑱ 选择Logo组设置其X、Y分别为"336.803毫米"和"20.303毫米",如图14-32所示。

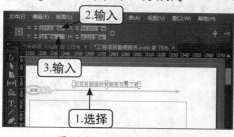

图14-31 设置文本框位置

图14-32 设置对象位置

⑲ 选择线段组,在属性栏中设置"水平翻转",再设置其X、Y分别为"271.303毫米"和"20.093毫米",如图14-33所示。

⑳ 在A-主页左侧页面坐下角处创建一个文本框,按【Ctrl+Alt+Shift+N】组合键插入当前页码,然后选择该文本框使文本框适合文本,设置其X、Y分别为"45.491毫米"和

"247.777毫米"，如图14-34所示。

图14-33　设置水平翻转和位置　　　　　　图14-34　设置文本框位置

㉑ 框选择页面左下方2个对象，将其移动复制到A-主页右侧页面，选择"A"文本所在的文本框，设置其X、Y分别为"334毫米"和"247.777毫米"，如图14-35所示。

㉒ 选择线段组将其水平翻转并设置其X、Y分别为"331.36毫米"和"250毫米"，如图14-36所示。

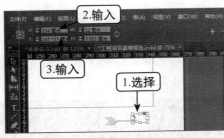 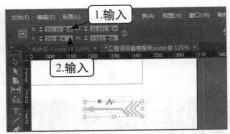

图14-35　设置文本框位置　　　　　　　图14-36　设置对象位置

3. 创建封面和目录

① 在"页面"面板中打开"插入页面"对话框，在其中设置页数为"2"、插入位置为第1页的"页面前"，单击 确定 按钮，如图14-37所示。

② 跳转到第1页，在其中创建"拉里县朝南村管理委员会工程项目"文本，在"字符"面板中设置其字体为"黑体"、字号为"24点"，然后使文本框适合文本，并设置文本框的X、Y分别为"92.5毫米"和"47.767毫米"，如图14-38所示。

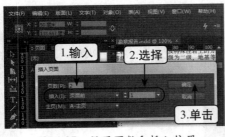 

图14-37　设置页数和插入位置　　　　　　图14-38　设置字体、字号等

③ 创建"勘察报告"竖排文本，在"字符"面板中设置其字号为"48点"，然后使文本框适合文本，设置文本框的X、Y分别为"92.5毫米"和"114毫米"，如图14-39所示。

④ 创建"勘察公司：杰贤地勘岩土工程有限公司"文本，在"字符"面板中设置其字号为"18点"，然后使文本框适合文本，设置文本框的X、Y分别为"92.385毫米"和"193毫米"，如图14-40所示。

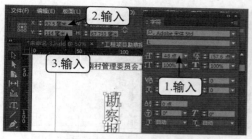

图14-39　设置字体及位置

图14-40　设置字体及位置

05 创建"报告时间：2014年6月8日"文本，在"字符"面板中设置其字号为"18点"，然后使文本框适合文本，设置文本框的X、Y分别为"92.5毫米"和"210毫米"，如图14-41所示。

06 在"页面"面板选择第3页，然后选择【版面】/【页码和章节选项】菜单命令，打开"页码和章节选项"对话框，设置起始页码为"1"，单击　确定　按钮，如图14-42所示。

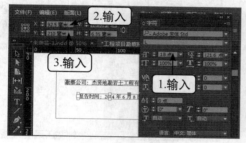

图14-41　设置字体及位置

图14-42　设置起始页码

07 选择【版面】/【目录】菜单命令，打开"目录"对话框，将"其他样式"栏的"一级标题"选项添加到"包含段落样式"列表框中，并设置"条目样式"为"目录"，再将"其他样式"栏的"二级标题"选项添加到"包含段落样式"中，并设置条目样式为"目录2"，确认设置，如图14-43所示。

08 在第2页的页边距的左上角处点击，置入目录，如图14-44所示。

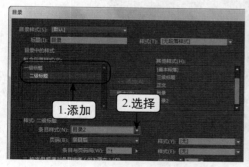

图14-43　添加段落样式并应用条目样式

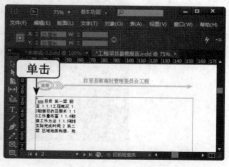

图14-44　置入目录

09 选择"目录"文本，在属性栏设置"居中对齐"，如图14-45所示。

10 在"字符"面板中设置字号为"24点"、行距为"30点"、字符间距为"500"，如图14-46所示。

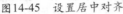

图14-45　设置居中对齐

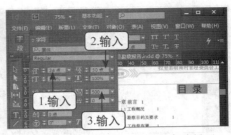

图14-46　设置字号、行距和字符间距

⑪ 按【Esc】键选择此文本所在的文本框，按【Ctrl+Shift+T】组合键打开"制表符"对话框，单击标尺，然后设置X为"129毫米"，前导符为"."，如图14-47所示。

⑫ 在"页面"面板中选择作为封面的第1页缩略图，按住【Alt】键不放，再单击"无"主页，如图14-48所示。

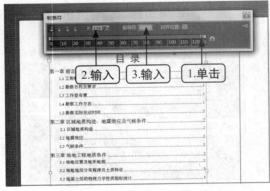

图14-47　设置制表符位置及前导符

图14-48　应用空白主页

⑬ 继续在"页面"面板中选择作为目录的第2页缩略图，按住【Alt】键不放，再单击"无"主页，如图14-49所示。

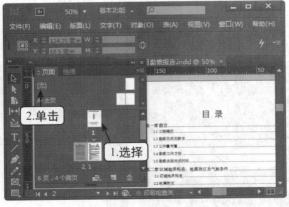

图14-49　应用空白主页